我就是去做，不担心结果。如果不成功，我就接受结果。

—— 奥南朵 ——

反内耗

如何化解内心的冲突

于德志 著

图书在版编目（CIP）数据

反内耗 / 于德志著. -- 成都：天地出版社, 2025.
5. -- ISBN 978-7-5455-6721-2
Ⅰ. B84-49
中国国家版本馆CIP数据核字第2025HJ8059号

FAN NEIHAO

反内耗

出品人	杨　政
作　者	于德志
责任编辑	孟令爽
责任校对	张月静
封面设计	日　尧
内文排版	谢　彬
责任印制	王学锋

出版发行	天地出版社
	（成都市锦江区三色路238号 邮政编码：610023）
	（北京市方庄芳群园3区3号 邮政编码：100078）
网　　址	http://www.tiandiph.com
电子邮箱	tianditg@163.com
经　　销	新华文轩出版传媒股份有限公司
印　　刷	北京天宇万达印刷有限公司
版　　次	2025年5月第1版
印　　次	2025年5月第1次印刷
开　　本	710mm×1000mm　1/16
印　　张	18.5
字　　数	249千字
定　　价	55.00元
书　　号	ISBN 978-7-5455-6721-2

版权所有◆违者必究

咨询电话：（028）86361282（总编室）
购书热线：（010）67693207（营销中心）

如有印装错误，请与本社联系调换。

序言

内耗——心理痛苦放大器

在心理咨询过程中，很多来访者都会谈到一种相似的感觉：有时明明什么都没做，但就是感觉特别累，疲劳、头晕、注意力不集中、反应速度下降、记忆力变差……

"为什么早晨刚起床脑袋就昏昏沉沉的？"

"为什么我已经休学了，每天什么都不做，却依然感觉非常累，甚至都无力从床上爬起来？"

"为什么我想控制自己不发脾气，却很容易愤怒？"

这些来访者不明白发生了什么。其实，每一个"为什么"背后，都有一段激烈的自我战斗历程。

比如当我们感到伤心、想要哭泣时，一个声音会迅速响起在耳畔："不能流眼泪，那太丢人了。"于是，我们开始用笑容伪装自己。

比如当我们的利益被侵犯，我们想要维护自身权益时，一个声音会出现："这样会制造矛盾，你不想陷入争吵的麻烦。"于是，我们开始压抑内心的感受和需要，习惯用逃避、沉默甚至笑容面对外来的侵犯。

比如当我们遭受挫折、感到沮丧时，一个声音会在脑海里煽风点火："你真差劲！你什么都做不好！你就是个废物！你完蛋了……"于是，在现实的痛苦之外，我们继续遭受自我评判带来的折磨。

其实不光是遭遇心理困境的来访者，生活中，几乎每个人都有过类似的感受：仿佛没多少事儿需要做，但就是觉得压力大。

引发这一切不愉快感受的，就是自我战斗带来的内耗！

与传统定义将内耗聚焦于群体视角不同，我将内耗定义为"个人因注意偏差、思维困扰、感受与理智冲突，体验到的身心内部持续的自我战斗现象"，内耗会导致注意力、记忆力、判断力和自控力等心理资源的无谓消耗，减弱甚至摧毁我们的行动能力。

内耗几乎充斥着每个人的生活：当我们对自己不满、怀疑自我并压迫自我时，当我们回避某些感受时，当我们试图在思维里自我辩驳、说服时，当我们试图控制、压抑、否定或漠视特定的感受与思维时，当我们想要控制他人或环境时，我们所做的，就是持续激发内耗的自我战斗。

对个体来说，内耗危害极大。现代生理心理学研究已经证明：我们的心理资源，包括注意力、记忆力、自控力和判断力等，都是有限的、可被消耗的。当我们将资源用于大脑内部看不见的自我战斗时，可用于面对挑战、解决问题的身心资源将会变得匮乏，我们就很容易出现疲劳、麻木、注意力分散、反应迟钝等问题。

所以，如果说现实刺激诱发心理痛苦，那么自我战斗式的内耗，则是心理痛苦不断放大、加剧的根源！

内耗的根源：文化与大脑

为什么会这样？为什么我们无法停止自我战斗？

答案在于恐惧！

现代生活中，人的恐惧主要源于两点：一是被群体排斥；二是展露真实自我与内心脆弱。为了逃避恐惧体验，我们会伪装自己，迎合他人。

为什么要自我战斗？最核心的原因在于，这是一种被规训的个人习惯。

从儿时起，我们就被反复教导"要做个积极、快乐、洋溢着正能量的人""不要传递愤怒、悲伤、恐惧等负能量，因为没人会喜欢""不要恐惧，那是懦弱的表现""不准哭，这会让你显得脆弱"……在大环境的要求下，为了迎合他人的期望，几乎每个人都开始努力遮掩不足、藏起不快，试图展现自己最好的一面。

在恐惧中寻求归属，保护自我，这是一切自我控制行为发展的根本动力。在你未曾注意时，大脑里的自我对话可能是这样的：

"他们如果看到真实的我，会失望的！"

"不能放松，哪怕已经有了一点儿成绩；我必须对自己狠一些，要求高一些，否则会被抛到社会的底层，会被人看不起的！"

"天哪，这个问题我竟然不懂，这太丢人了，我绝对不能让下属知道这一点，我得镇住他们！"

"我要小心点儿，千万不能出错！"

在这些自我对话的驱动下，我们通过伪装自己，持续隐藏脆弱来控制生活：追求完美，漠视真相，排斥变化，让自己拥有掌控一切的错觉！

恐惧错误、追求完美的心态是内耗的根源，但它不是孤立存在的。这种心态的背后，是大脑的功能性分工、协作机制。

脑神经科学认为，我们的大脑可分为情感脑、理智脑等几个不同的部分，情感脑负责感受情绪，做出直觉判断和选择，日常生活中超过90%的时间，情感脑掌控我们的一切；而理智脑负责分析、判断、选择、决策，作为高能耗机制，其日常被激活时间不足10%。当情感脑与理智脑协作良好时，我们会有平静、满意的感受；一旦它们陷入冲突，如同上面所说的那些，我们就会进入内耗模式：理智压抑情感，或情感碾压理智。

斯坦福大学心理学教授詹姆斯·格罗斯的研究表明：当我们试图戴上面具，抑制自己真实的感觉时，血压会升高。相反，当我们不再试图伪装，而是认识到自己的感受并做到表里一致，那么血压又会自然降低。

消极心态的影响无处不在，大脑功能性差异无时不在，这两者共同构成了难以停歇的内耗机制。本书的目标，就是要为身处困境中的人群指明一条全新的出路：有效处理内耗，开始全新的生活。

为此，我提供了一套三维立体解决方案：构建全新认知、掌握有效的仪式性技巧、练习并养成全新的适应性习惯。

停止内耗之一：构建全新认知

大量心理学研究证明，认知会影响我们的健康。

2012年，威斯康星大学医学和公共卫生学院的科勒教授等发布了一项研究报告。研究中，他们用8年时间跟踪了3万名对压力持不同态度的美国人。结果发现，在压力大增的年份，那些认为压力有害健康的被试，死亡风险增长了43%；而不认为压力会影响健康的人，死亡风险甚至低于那些低压力人群。

哈佛大学心理学院的杰姆森教授等同期发布了另一项压力研究，他们测量了被试压力下的生理反应，结果发现：压力状态下，普通被试的血管会自动收缩——我们知道，血管持续收缩会给身体带来多种伤害反应；但那些认为压力无害的人群，其血管在压力状态下却没有明显的收缩反应。

所以，研究人员得出了重要结论：某种程度上，压力并不必然影响健康；但相信压力有害健康，压力则一定会构成对健康的威胁！

更新认知的价值还在于，它会改变我们解决问题的方式。

比如常见的认知模式：知道=做到，态度=改变。我们经常会认为，做不到是知识不足或者态度不对。因此，陷入困境时，我们经常会试图通过补充知识、改变态度来扭转局面。但现实非常残酷：知道/想要≠能做到！

在很多咨询中，当来访者在咨询师的陪伴下艰难跋涉几个月甚至几年后，其真实的感受依然是《甄嬛传》里皇后的经典台词："皇上，臣妾做不到啊！""做不到"的反馈，常常会让来访者陷入新的自我谴责式的内耗陷阱。

重建认知，意味着我们需要跳出信息获取与态度改变的误区，积极寻找真正有效的解决方案。

再如，常见的认知期望：我不想痛苦，我希望自己能快乐起来；我希望自己不再焦虑、抑郁；我希望过去永远没有发生……

在这里，错误的期望，会带来持久的沮丧。这是痛苦得以持续的根源。

停止内耗之二：掌握有效的仪式性技巧

在心理咨询中，很多来访者是如此的迷茫、无助，但让我震惊的，不是他们的痛苦遭遇，或是问题的严重程度，而是面对问题时他们乃至专业咨询师应对方案的匮乏和无效。

以最基本的"接纳"为例。很多来访者和咨询师都知道，"接纳"是有效处理内耗，并开始全新生活的基础。为此，他们开始练习接纳自我，接纳现实。但很多时候，他们只是在做虚假的"接纳"。

比如犯了一个错误后，来访者可能会这样说："是啊，我又搞砸了，我可以接纳这样一个悲哀的现实：我确实是个废物，已经无法改变了。"这不是接纳，而是一种宿命论，与此相反，真正的接纳的态度是这样的："是啊，我又做错了，这让我感到很糟。同时，我注意到我的大脑里有个声音：'我是个废物，已经无法改变了。'"

比如一位被儿子攻击同伴的行为深深困扰的妈妈，在咨询师的建议下试着"当他攻击后哭泣时，抱着他，告诉他'我理解你'"。这是对孩子的接纳吗？实际上，当她这样做时，每次得到的只是孩子大声的否定："你不理解我，你不懂我。"接纳不是语言上简单的"我理解你"，而是忘掉自我，真实体验孩子的感受，比如，"别的小朋友不听你说话，他们不在乎你的需要，这让你感到不知所措，不知道该怎么办,是吗？""很难过的话,可以痛快地哭一会儿!"

再如,一个重度抑郁的来访者,经常产生无力感和无价值感。对此,他非常害怕,担心自己会做出傻事,于是,他开始说服并接纳自己:"我只是累了,不必拼命挣脱;只是累了,没关系;那些无力的瞬间只是自己生命的片段,它们的存在,无法完全被消除,但也没什么大不了的……"这真的是接纳吗？对他来说,真实的接纳意味着不再自我说服与安慰,而是告诉自己:我感到无力,感到自己毫无价值,有一个声音不停地告诉我——"活着有什么意义?",但我知道这只是我被困住时的一个想法,我可以带着这些想法继续生活……

所以,接纳不是语言层面的敷衍,而是敞开胸怀的体验——客观地描述事实,体会感受,观察思维,同时不会被思维、感受控制!在接纳中,没有任何思维、感受、行为层面的内耗,有的只是客观的观察、欢迎的态度和继续有效行动的能力。

要做到这一点,我们需要通过有效的仪式性练习,用新的适应性的习惯替换原有的非适应性的问题处理模式。

我女儿在初一时寄宿住校,每月学校会安排看一场电影。有一次,他们观看的是美国动作电影《变脸》。

周五我接她回家时,她告诉我:"爸,这部片子简直比恐怖片还恐怖。"

我:"怎么了？有让你害怕的镜头吗？"

女儿:"是的,做变脸手术的那个场景太可怕了,我虽然赶紧捂眼睛,但还是晚了一点点,看到了一些镜头。然后那天晚上睡觉,不知为什么,我突然就醒了,脑海里就出现那个可怕的镜头……"

我:"影响这么大啊!后来处理好了吗？"

女儿："嗯，处理好了。"

我："你怎么做的？"

女儿："我就是用了你说的方法，给它起个名字，跟它握手，然后告诉它：我知道你想跟我说什么，你已经说过一次了，如果没有其他事儿，我要接着睡觉了。这个方法还真的挺有用的！"

所以，本书的第一目标，是为每一个正在自我战斗的人，呈现一套简单、易操作、实证有效的专业心理康复方案！无论你遭遇的是何种压力，无论困住你的是何种不愉快感受，你都可以将本书提供的仪式练习作为康复的助手。

当然，除了重建适应性认知，练习有效的仪式，要摆脱内耗，走出困境，你还需要迈过第三重阻碍：习惯养成！

停止内耗之三：养成适应性习惯

为什么摆脱心理困境这么难？

这涉及我们大脑的改变。在习惯性的反应模式背后，是特定的大脑神经回路。脑神经科学家拉亚·博伊德博士研究发现，改变大脑思维的最好方法，就是改变行为。因此，要摆脱自我战斗的无效行为模式，我们需要构建全新的行为习惯。

但人类寻求安全的天性，让行为改变显得非常困难：改变意味着风险，风险会带来不愉快的感受，为了回避这种不快，我们会避免改变！

但有益的变化恰恰发生在不愉快的练习中。在中风病人脑康复研究中，拉亚·博伊德博士发现：增加康复练习的难度和挑战度后，病人的大脑在学习能力和功能改变上会收获更多——这就意味着，重建适应性习惯的过程，一定会遭遇不愉快感受的冲击，去体验、接纳、拥抱而非逃避这些感受，是成长不可或缺的环节。

所以，如果拒绝体验不愉快感受，我们也同时拒绝了成长的机会！

是时候改变这一切了！要想摆脱困境，我们需要走出信息偏差、技能匮乏以及非适应性习惯的迷局，去练习、掌握真正有效的解决方案，形成新的适应性的思维与行为习惯。因为在困境中，真正能持久保护我们的，不是我们的意愿、理智，甚至不是自控能力，而是全新的适应性的思维与行为习惯！

在这本书中，我将基于上千项心理学实证研究，从注意转换、思维处理、感受管理、身体调整、表达倾听等多个角度，为您呈现针对不同心理困境走出内耗的有效解决方案。愿它们能帮助每一个被内耗折磨不得解脱的人重新看到生活的希望。

这些技巧并不神秘，但需要每个应用者都能承担起对自己人生的责任——"我"是主导者，"我"可以选择过什么样的生活，"我"可以通过行为改变来掌控、追寻自己想要的生活。当这些全新的思维与行为模式变成下意识的习惯时，每个人都将拥有重新掌控人生的能力！

目录
Contents

第一章 停止内耗,掌控人生的权力从未丢失

第一节　一切都失控了吗 / 002
第二节　掌控感是所有力量的源泉 / 004
第三节　痛苦是一种自我选择 / 005
第四节　性格会决定一生吗 / 008
第五节　停止内耗,你只需动力和有效的技巧 / 010

第二章 内耗的脑神经机制

第一节　大脑的运作模式 / 021
第二节　停止内耗的四大阻碍 / 028
第三节　心理脱困四步走 / 038

第三章 停止内耗的六把钥匙

第一节　自豪与羞愧 / 057

第二节　沮丧与悲伤 / 061

第三节　爱与快乐 / 065

第四节　放松与好奇 / 075

第五节　成长与收获视角 / 080

第六节　接纳与前进 / 084

第四章 摆脱思维困境

第一节　思维内耗的五种表现 / 097

第二节　创伤性场景重现 / 101

第三节　当"过去"无法过去 / 106

第四节　总是想太多 / 111

第五节　处理标签化思维带来的认知融合 / 115

第六节　有效处理思维伴随的冲动与欲望 / 121

第七节　为何我无法摆脱思维困境 / 125

第八节　思维决定感受 / 133

第五章 远离感受伤害

第一节　恐惧与焦虑 / 142

第二节　愤怒 / 151

第三节　悲伤 / 166

第四节　羞耻 / 177

第五节　无力与绝望 / 185

第六章 摆脱人际困境

第一节　得不到理解怎么办 / 198
第二节　掌握沟通进程 / 207
第三节　寻找有效的解决方案 / 216

第七章 解决现实困境

第一节　五把椅子训练法 / 225
第二节　有效处理现实冲击 / 232
第三节　有效处理失眠 / 245
第四节　正确选择目标并拥抱你的责任 / 257

附：练习常见问题及处理建议 / 263
结语 / 278

第一章

停止内耗，
掌控人生的权力从未丢失

生活里时刻都有挑战。但挑战本身不会带来痛苦，自我战斗引发的内耗才是痛苦的根源。

譬如爬山，当艰难跋涉于陡峭的山路，双腿如同灌铅时，我们如果注意到的是奇花异草、清新的空气、登顶的快乐，那我们就会享受"双腿灌铅"带来的乐趣；如果我们关注自我战斗，比如"太累了，真不该来"，或者"我的身体真是太差了，爬山都坚持不了，干什么都不行"，那么"双腿灌铅"就会成为难熬的痛苦甚至折磨。

内耗对生活的影响是多方面的：首先，它会耗尽我们本可用于应对挑战、解决问题的身心资源，让我们无力行动；其次，它会因其无效的问题解决模式，让我们丧失对生活的掌控感，陷入更深的痛苦无法自拔。

面对困境，我们需要有效处理内耗，重新掌控人生。

第一节　一切都失控了吗

当三水联系我时，她失去独生女儿两个月了。

"我的生活失控了，每天只有绝望、自责和悲伤。虽然有另一个走出心理困境的失独妈妈一直在支持我，但我就是无法像我先生一样走出来，我都不敢看孩子的照片。我好像很愿意沉浸在悲伤里，拒绝别人的劝慰……我感觉再也无法拥有自己的生活了……"

三水的感受并非个案。面对丧女的悲痛，三水本能地选择了否认事实、回避真相、沉浸于感受和思维世界的解决方案，所有这些都在消耗她宝贵的身心资源。作为处理悲伤的解决方案，它们不仅无效，还会引发深深的无助感和脆弱感。她身处其中，仿佛人生已彻底失去了控制。

多年前被确诊重度抑郁的阿青，已经结婚3年，有一个爱自己、包容自己的丈夫。但即便如此，她也同样深陷困境："工作中，很多人说我浑身像有刺，防御意识特别强。我的大脑里经常会出现小时候被父亲吊在门上暴打的场景，完全无法控制。现在在家里，我的脾气也越来越暴躁，当老公有一次恐惧地告诉我'你生气时，我特别怕你的眼神'时，我几乎要绝望了。他是唯一爱我的人，我要如何改变失控的生活？"

19岁的小可，找到我时正遭受自杀冲动的折磨："因为奇葩的父母，我10岁时就想死了，没想到能一直苟活到今天。我的性格好差，人生也完全没别的选择，只有打工一条路，我好恨！我……我不知道该怎样看待自己的人生，真的是没的选啊，想带自己走了……"

20岁的白芸，在哭泣中诉说了父母离婚，自己与母亲相依为命、负债累累的艰难生活："我不明白为什么一切都失控了，父亲6年来从不管我，我恨他。但他也是我的亲人啊，为什么每次我一见他就想躲开？聊几句就会开始争吵？我现在准备考试，可我为什么读不进书，老是走神？我跟大家相处很好，他们都认为我是乖乖女，但为什么没有一个人愿意做我的朋友？"

虽然这些来访者心理困境的起因各不相同，但他们选择的处理方案都导向了无尽的内耗。在注意力、思维、感受等层面的自我战斗中，他们都强烈地体验到生活的失控感，并饱受焦虑、无助、无力、愤怒、悲伤、绝望等感受的折磨。

第二节　掌控感是所有力量的源泉

人类发展的历史，就是处理个体与群体恐惧，面对世界谋求掌控权的历史。掌控感，一直是人类力量的源泉。

40多年前，著名心理学家兰格教授与罗丁教授的一项研究，以实证的方式证明了掌控感的力量。他们在美国康涅狄格州的阿登屋养老院，针对控制感的价值做了一项研究：在四层楼的养老院中选出两组老人参与实验，其中四楼的老人被赋予了一定的掌控感，比如自己决定房间的布置，告诉管理员自己想做的事，自己决定是否需要一盆植物，自己挑选喜欢的植物并负责照看，自己选择哪天去看电影。作为对照组，二楼的老人则被剥夺了控制权，虽然他们的房间也得到了妥善的布置，也被赠送了植物，也被安排了观影时间，但这一切都是院方安排的，他们自己无权选择。同时，房间内的植物也由养老院的工作人员负责照顾，他们无须自己负责。

虽然实验只持续了3周，但研究者发现，两组老人身上的差异非常显著：四楼被赋予掌控权的老人，报告说自己更快乐也更有活力。而对研究不知情的护士的评估结果显示：在快乐和活力方面，四楼的老人们有93%的状况都得到了提高，而二楼则只有21%的老人向积极方面转化。同时，四楼老人与他人的接触增多，有更多的人选择去看电影。

据此，兰格教授和罗丁教授认为：对于一个被迫失去自我决策权和控制感的人，如果我们给他一种较强的自我责任感，增强他对生活的控制感，那么他的生活质量会提高，生活态度也会变得更加积极。

人本主义心理学大师马斯洛认为，安全是人类的基本需求之一。而掌控感，正是安全的基础。所以，当我们自认为"一切尽在掌握"时，会感觉充满了信心和力量，能轻松面对一切挑战；而当"一切都失控"时，我们又很容易陷入悲伤、绝望，无法面对哪怕他人一个漫不经心的眼神。

第三节　痛苦是一种自我选择

困境中，人们很容易认为自己别无选择。在这种思维、感受的催化下，焦虑、抑郁等问题会接踵而来。

但事实果真是这样吗？

面对三水的失独悲痛，语言很难做出有效的支持。第一次来咨询时，她垂着头，垮着身子，偶尔用手拄膝托腮发愣，偶尔用双手抱头痛哭。我静静地听着她的哭诉，感受着她的悲痛，感受着她对自我的谴责、对未来的绝望。

"老师，你说我该怎么办？我是不是再也不会快乐，再也不会拥有力量了？"当她抬起头问出这个问题时，我知道她改变感受的机会来了。

"你担心自己会一直悲伤下去，是吗？"

"是的，我老公已经走了出来，他希望我也能尽快走出来。但我的情况越来越糟，这一周的时间，我想孩子想到几乎窒息，想在地上打滚儿，想撞墙。孩子陪伴了我17年，现在这种看不见、摸不着的感觉快要把我逼疯了。在这之前，我老公给我推荐过一个心理医生，但我见了几次感觉毫无帮助。我完全看不到希望，不知道自己该怎么办。我现在连孩子的照片都不敢看。"

"你愿意做一个简单的仪式性练习吗？"

"什么仪式练习？不知道我能不能做到。"

"只要你愿意，当然可以做到。你想现在跟我一起试试吗？"

"好的。"

"来，跟我一起站起来。是的，站直身体，虽然在悲伤时这很难，但你可以试试。然后，双腿分开，挺胸，抬头，再展开双臂，打开身体，感觉就像要拥抱你面前的爱人。是的，就是这个姿势，头微微抬起，慢慢闭上眼睛，然后开始跟着我的节奏慢慢地用鼻子吸气……用嘴呼气……"

两分钟后，三水睁开眼睛，眼里涌出了泪水，但已不再是悲伤的眼泪："老师，60天，整整60天，我没有这么自信的感觉了。一直是锁在壳子里，我以为这辈子都不会再有这种感觉了……"

简单的动作，短暂的几分钟，三水内心的感受出现了翻天覆地的变化。原因在哪里？大量的心理学研究证明：感受会改变我们的行为，但同时，行为也会改变感受。比如，面部肌肉的变化、身体姿势的变化、呼吸节奏和部位的变化，都会迅速带来感受的变化！

要有效处理失独的悲痛，想走出困境，重新找回自己的生活，三水要走的路还很长。但是，这几分钟的体验，成功埋下了一粒种子：只要采用有效的方法，我依然可以拥有掌控生活的能力！

无论我们遭遇过何种打击，无论个人愿意与否，选择的权力一直都在我们手中。实际上，关于情绪的脑成像研究发现：痛苦是一种自我选择！

这句话会冒犯很多身处心理困境的来访者：我的悲伤、孤独、愤怒、无力、绝望是如此的真实，我对此完全无能为力，你凭什么说这是种选择？对有抑郁情绪的来访者或抑郁症患者来说，这句话尤其残酷，他们可能会强烈质疑：你是在攻击我们吗？你认为是我们自己主动选择了抑郁？难道我们不想摆脱抑郁？

这当然不是我想表达的意思。在回答质疑之前，先让我们一起看看关于情绪、感受的实证研究。

巴蕾特博士是美国东北大学一位杰出的心理学教授，在将近30年的时间里，她一直从事情绪领域的研究。在扫描过数百个大脑、分析过涉及数千名试验对象的数百篇生理研究、探讨过几乎每一篇与情绪有关的大脑成像研究后，她在自己的新书《情绪如何产生》(*How Emotions Are Made*)中提出一个全新的研究结论：我们的情绪并非天生，情绪的变化完全是后天经验以及自我选择的结果。

她的研究结论与海耶斯教授的关系框架理论研究成果几乎不谋而合：痛苦源于个人经验，源于我们的知识建构模式。

举例来说，当我们准备在一个重要的比赛中上场时，我们可能会心跳加速、肌肉紧绷、手心出汗，胃肠也可能开始搅动。此时，如果我们有焦虑发作的经验，可能会想：糟了，我感到非常紧张，我又焦虑发作了，而这会搞砸比赛的……然后，我们真的会开始焦虑，并出现与之吻合的多种反应——自我战斗开启了。

但同样的身体感受，可以有不同的解读，譬如手心出汗，其原始的适应功能包括握紧武器或抓紧树干，以便更好地战斗或迅速逃避可能的风险。如此，我们便可以换个角度来观察：即将上场让我感到兴奋，我现在充满力量，有信心面对一切挑战。在这种思维下，我们会跃跃欲试，对即将来临的挑战充满信心与力量。

如何解读发生的一切，这是个人可选择、可掌控的——在这种选择之后，我们的感受会随之发生变化。所以，感受不是天生的，它是我们的选择所制造的。

巴蕾特的研究显示，当身体出现这些变化时，如果学生能习惯性地制造出充满力量的决心而非焦虑时，他们的考试表现会更好！

回到来访者可能会质疑的问题上，"痛苦是一种自我选择"这句话并非攻击，它只是一种提醒：我们一直拥有生活的选择权，哪怕是在困境中，依然可以通过有效的练习，让自己更有智慧面对各种挑战。

但是，要接受"我能选择并掌控自己的生活"这一信念，对很多来访者而言并不容易。因为意愿、选择、掌控不仅意味着希望，更意味着责任——对很多人来说，希望、责任都是危险的，尤其是责任，它们可能意味着新的伤害——如果不是无法控制的情绪导致我的困境，如果不是过去和现在的伤痛、糟糕的环境、消极的思维，以及性格、星座、人格类型等导致了我的困境，那么，谁该为这一切负责？当我们缺乏必要的解决问题的技巧时，责任将意味着更大的伤害。

身处困境中，要面对真相，我们需要勇气，也需要有效的技巧！

第四节　性格会决定一生吗

在咨询中，很多来访者会询问我，如何改变性格？对他们而言，性格仿佛是自己人生最大的负累。

"如何让自己的性格变得更好？"

"如何改变敏感、易怒的性格？"

"如何改变纠结、犹豫、不自信的性格？"

"我和男友性格不合，怎么办？"

"我就是太软弱了，我得让自己的性格更强悍一些。"

…………

当我们对自己不满，无法接纳真实的自我时，评判、指责、自我惩罚等内耗行为会不断消耗宝贵的身心资源，让我们无力行动，无力做出改变。

因为父母养育模式的伤害，持续被自杀冲动折磨的小可就是这样。咨询中，他一直挂在嘴边的一句话就是："我好恨，但我改变不了性格，我看不到人生的希望。"与小可的观念类似，近年来随着"原生家庭决定论"的流行，越来越多的来访者倾向于将自己的困境归咎于成长环境造成的性格变化。

性格真的能决定人的一生吗？

一个人在婴儿阶段就开始学习如何更好地认知世界。与动物的学习截然不同，人类有一种独特的能力——概念及联想。很快，我们就学会并精通利用概念贴标签的本领，尤其是关于如何表述他人，如何定义自我：他很外向，待人和善，交际能力很强；我很内向，有些自私，有社交恐惧症、人群密集恐惧症、抑郁症……

用标签认识世界，是人类独有的能力。因此，心理学领域也出现了很多基于实验的人格分析测验，比如广为流行的"大五人格测试"，利用问卷从严谨性、外向性、开放性、宜人性与神经质人格五个方面来定义一个人的特质。但大量的研究证明：这些标签化的性格，无法准确预测个人的行为和成就。

在一项针对青少年的研究中，研究者先通过测验了解"孩子们对未来的计划是否符合他们个人的兴趣和价值"，之后，他们将这一结果与其他不同的研究结论进行对比。结果发现，当孩子有明确的价值目标时，他们会具有更积极的自我认识和期待，更少出现不良行为，向成年人的过渡也更加平稳。研究也发现，所有这些基于价值观念带来的个人发展变化，与孩子的"大五人格特质"毫无关系！

事实上，很多实证研究发现：与所谓的性格决定论相比，对生活更具影响力的因素是个人的期望和对应的行为——你想过什么样的生活？你要如何行动去实现这样的生活？你是否具有足够的行动力和解决问题的技能？

第五节　停止内耗，你只需动力和有效的技巧

生活中，几乎每个人都不愿意体验压力，并厌恶不愉快的感受。但是，压力是人生前进的动力，不愉快的感受则是成长过程中必然出现的副产品。所以，要停止内耗，我们需要运用有效的技巧重建与它们的关系。

遗憾的是，随着心理科研的进步以及实践的发展，很多曾被认为有效的技巧，正逐渐显露出其无益的一面。

及时倾诉真的是个好方法吗

在灾难后的心理援助中，压力疏泄被很多政府组织确定为有效治疗方法。但一些心理学研究证明，尽管希望这种方法能防患于未然，但其真实效果并不好，要么根本不起作用，要么反而会让创伤后应激障碍的症状更加恶化。事实上，实证研究的结论可能令很多人沮丧：遭遇重大事件后，接受疏泄治疗的个体，并不比那些没有接受相应治疗的人康复得更好。在心理咨询的过程中，我们也看到很多这样的来访者，比如三水，虽然第一时间找了咨询师，但咨询中对孩子的每一次回忆，都会重新唤醒她内心的失独伤痛。这就如一次次掀开已经结疤的伤口——只会让伤口难以自然愈合！

倾诉必然有益于心理康复，如今看来并非不容置疑。

愤怒宣泄法能有效处理愤怒吗

几十年前，精神卫生人员普遍认为：用宣泄的方式排解愤怒，能够减少怒气和改善心理状态。在子女的教育中，我们更是常常能见到这样的场景：爷爷奶奶一边安慰哭泣的孩子，一边数落旁边的爸爸："宝宝不哭。爸爸不好，等奶奶骂他给你解气……"

在心理治疗中，这种宣泄方法也被很多咨询师提供给孩子和成人。比如2017年央视纪录片《镜子》中展示的处理青少年愤怒的方式之一，就是愤怒宣泄。再如，有些咨询师会将一些棉质的玩偶提供给来访者作为发泄的对象："想象这是让你愤怒的人，现在你可以随意处置'他'，你想怎么发泄？"在咨询师的引导下，来访者可能会毫不留情地打骂、摔踩玩偶。

这种方法真的能收到预期效果吗？

在一项试验中，研究人员将愤怒的被试分成三组：第一组被试，只要想起惹自己生气的人，就击打沙袋；第二组被试，想起非刺激性的话题时击打沙袋；第三组被试，在想起惹自己生气的人或中性场景时，不做任何攻击行为。之后，试验人员测量被试攻击或不攻击后愤怒感受的变化情况。

结果，第一组被试在发泄后，愤怒感不仅没有降低，反而更高了，他们的行为表现更有进攻性；相比之下，第三组被试的行为最没有攻击性，愤怒程度最低！不仅是这个试验，更多的实证研究都显示出这样一个结论：与我们的常识相反，愤怒宣泄法不仅无助于愤怒管理，而且会强化原有的愤怒感！

写日记一定是个好主意吗

面对来访者，很多咨询师会建议用写日记的方法处理日常的苦恼，也有很多人确实通过这种方式让日常苦恼得到了宣泄。

但不同的人，或在不同的状态下，写日记带来的效果可能会截然相反。

光平是一名大一学生，她最大的困扰是母女关系不好。"我受不了了，我抑制不了自杀的想法。只要一见到妈妈，她就旧事重提，一遍一遍地哭诉我不愿意再想起的事情，逼我后悔认错。我说的每一句话、做的每一件事都是错的，都是狡辩……我习惯写日记，但现在这个方法越来越不管用。我本来是想用写出来的方式把所有的思绪理清楚、想明白，结果发现太难了，越写越难过，根本处理不了……"

很多孩子都有过类似的体验：越写日记越难过，不仅没有减压，反而生成了新的负担！

这如同灾难后压力疏泄，对有些人而言，写日记可能会有效果，但对很多人而言，重复回忆伤痛，就是揭开伤疤、强化痛苦并让自己更痛苦的过程。

找到适合自己的方法，才是心理康复的关键。

如果痛苦的话就不要努力了，对吗

日本电影《丈夫得了抑郁症》，描述了一个抑郁症患者的康复过程。

影片中的妻子有句话，让很多有抑郁情绪的人感到温暖："如果痛苦的话，就不要努力了！"于是，在很多人心中，尤其是被抑郁困扰的人群中，这句话几乎成为至理名言。"不努力，也是种生活方式"成了很多人的安慰。

"我一去学校就头疼、难受，我想休学！"

"工作太累了、很烦，完全没有动力做事。我真想辞职！"

"抑郁康复，一定要远离刺激源，同时要坚持吃药！"

类似"不要努力""顺其自然"等回避式的感受处理方式被很多人奉行。

在痛苦中，这些真的是解药吗？不努力、避免接触刺激源、坚持吃药，真的能让我们自然康复？

电影《丈夫得了抑郁症》显然美化了这一切。我在网上做过一个调查："抑郁休学后，你怎么样了？"几十个分享自己经历的人，几乎没有一个因为休学而恢复了想要的健康生活；相反，如果再给他们一次机会，很多人愿意做出不同的选择。

大多数时候，痛苦与是否努力无关，导致痛苦的，更多的是个人心理灵活性的丧失，以及对自我、他人、世界苛刻的评判。尤其是自我评判，我们根本无从逃避——有研究指出，对自我评判的大约99%，都来源于内心而非他人。

提升个人心理灵活性，掌握有效的问题处理技巧而非放弃努力，会让我们更容易摆脱心理困境。

运动、意志和药物真的有助于摆脱困境吗

面对困境，很多人会建议：多运动，要坚强，要坚持吃药。在生活中，很多人的绝望感恰恰由此而来：我遵从了所有的建议，为什么依然无法走出困境？让我们看看一个抑郁症患者自己记述的与抑郁症战斗的过程：

2015年7月

十几年的抑郁症，复发过3次，每次简直都是死里逃生。我吃过药，没任何缓解。去做心理咨询，其实我是觉得应该不错，可是好的心理咨询师太少了，我在省会城市，医疗条件还不错，就医次数快三位数了，没有过一次真正舒心的心理咨询体验。最后一次复发的时候，医生说，电疗吧！我不同意，就这样放弃了。然后开始运动，我强迫自己运动，游泳、跑步轮着来。这个过程是痛苦的，因为抑郁症会带来强烈的无力困乏感。我已经坚持了近4年，没有复发过。说真的，美好的感觉会比以

前多一些了，有时候也会冒出活着真好的想法。但我确实知道这个疾病的严重性，如果不坚持，说不定哪一天又会被吞噬。

2015年8月

我开始感觉到抑郁症又来了。所有的症状陆陆续续，失眠、头痛、紧张、焦虑、无法集中注意力，就连运动都觉得不那么舒畅。我深刻地了解这一切是如何发生的，我了解这里面一切的根源，我知道我抑郁症的起因，可是我什么都改变不了，这种感觉真绝望。

2016年9月

我还活着。虽然很不开心，处在困境之中，但我要活下去，还要努力让自己变得快乐。

2017年6月

我还活着，记忆力在进一步减退，已经到了影响生活和工作的程度。很多时候我都是硬撑着、死扛着，虽然不知道这样熬下去意义何在，但心里还有一点儿倔强，像是在和命运赌气。我希望能够走出来，想要有朋友，想要有自己的家。

2018年3月

这一年我过得非常痛苦，脑袋昏昏沉沉，影响了工作，被公司开除了。上天并不会因为关了一扇门，就给你打开一扇窗。它只会在你烂泥似的生活里踩上一脚又一脚。我老得更快了，样子比同龄人苍老得更多。我太累了。我变成了不会说话、不会笑的机器。心里的火焰很微小，好在它还未熄灭。

对曾有过抑郁经历的人来说，这段经历熟悉吗？在咨询中，很多积极治疗却常年抑郁的来访者对此会感同身受。回首记录中涉及的几年生活在挣扎、奋斗中，该患者一直以为自己找到了方案，但真相是她并没有真正走上康复之路。

要摆脱这种努力却无所得的悲剧，我们需要运动、意志等方面的帮助，但更重要的是，我们需要真正有效的方案，需要帮来访者抛弃一切外在依赖，重建内在的力量。

有效的方法，哪怕只是一点点的行为改变，都可以让人重新获得掌控感。当然，这需要内在的意愿和动力，需要练习并掌握一些实证有效的技巧，需要将它们逐渐转化为本能的习惯。

Tips

从小到大，我们习惯了评判世界，也习惯了评判自我。这种自我评判习惯，往往会诱发以"成长"为名的自我压迫：我现在是这样，但我对此不满，我想要变成那样……这种"想要成为"的过程，就是内耗的过程，就是阻碍我们前进的过程。了解了这一点，我们就会知道：摆脱心理痛苦并以充沛的活力持续前进的主动权，永远掌握在自己的手中！

练习吧

1. 下列表述中，你能区分出哪些会带来内耗吗？

（1）完美是我的做事准则，一件事如果没有好的结果，我宁愿选择不做。

（2）家庭生活，和睦为先，该忍的我一定要忍住，如果说出来一定会引发冲突、制造矛盾。

（3）我真是没用，什么事情都做不好，就像个废物一样。

（4）好的，让我仔细看看，究竟发生了什么。

2. 生活中，你的幸福感源于什么？

（1）人生成就：当我创业成功/评上教授了，我会感到幸福。

（2）个人特质：如果我变漂亮了/如果我变瘦了/如果我练出了8块腹肌/如果我变得外向了/如果我擅长社交，我会感到幸福。

（3）外部环境：如果我是富二代/官二代/在世界顶级企业工作，我会感到幸福。

（4）内在收获：当我体验到平静/成长/我能行时，我会感到幸福。

3. 面对生活中遭遇的心理冲击，你习惯的处理方案是什么？

（1）躲开：通过漠视、否认、回避、逃跑等方式假装问题不存在。

（2）战斗：以自己的理智、意志为武器，与它顽强战斗，重新夺回感受、行为的控制权。

（3）发泄：寻找一个受害者，无论是亲人或他人，用愤怒、攻击等方式来表达自己受到的伤害。

（4）欢迎：张开怀抱来拥抱冲击，与它成为好朋友，发现它对自己的价值，然后带着它继续做值得做的事情。

4. 你习惯解决问题的方式，其现实的效果是什么？

（1）短期痛苦但长期有效：每次遇到问题时，我都能忍受当时的痛苦，我的处理方式也能很好地解决问题，我一直行走在实现自我价值的道路上。

（2）短期有效而长期无益：遇到困难，我会迅速躲开，虽然问题持续存在，但我成功避开了当时难受的感觉。

（3）短期痛苦且长期无益：我可不管，当我生气的时候，我就要爆炸，管他是谁在我面前，自己先痛快了再说。

5. 在阅读本章后，下列哪些观点你认为是有问题的，为什么？

（1）压力是有害的，我要提高对生活的掌控力，积极地减轻甚至消除压力。

（2）我太内向了，不可能建立良好的人际关系。

（3）我只是一个弱小的个体，我控制不了自己的生活。

（4）我是理智的，只要自控力够强，我就能按照理智的要求去做事。

第二章

内耗的脑神经机制

"我知道不能这样自暴自弃,但我就是控制不了自己!"

"我知道要出门,要约朋友,但我就是做不到!"

"我知道不能天天在家玩游戏,但我就是离不开!"

…………

在困境中,每个来访者都有可能经历类似这种绝望的呐喊。"知道要……却做不到……"的纠结背后,是无止境的自我战斗。而当身心资源全部被用于自我战斗式的内耗时,我们无力应对哪怕一点点的挑战,也无力做出任何有意义的改变。

就像失去孩子的三水,她有一个爱自己、支持自己的丈夫,有上了年纪却依然要每天为她担惊受怕的双亲。她希望自己能尽快振作起来,开始正常的生活,她不想让父母再经历与自己一样的痛苦。但现实却是,她每天脑海里盘旋最多的,依然是"都是我的错,我应该去陪孩子,我不应该再拥有快乐"等念头。

与三水相比,白芸的困境则更具代表性:虽然父亲在她最需要帮助的几年里对她不管不问,虽然她因家庭贫困而被迫从重点中学的重点班辍学打工,被迫远离梦想,担负养家责任,但她依然渴望父爱,持续在对父亲的厌恶与渴望中挣扎:"他是我的亲人,我想亲近他,却不知道该如何与他相处。春节时我去看奶奶,跟奶奶在公园散步。可能奶奶通知了他,当他出现在我面前的那一刻,我毫不犹豫地拔腿就跑,我也不知道为什么。后来,奶奶把我叫回来,可是跟父亲说不了几句话,我们俩就在外面大吵起来……我为什么就无法处理好跟家人的关系？"

为什么会这样？为什么我们无法做自己想做的事，远离自己不想理的人？为什么理智很难左右我们的行为？

要了解这一点，我们先看看人类的大脑结构和行为模式。

第一节　大脑的运作模式

三个大脑

从进化的角度说，我们人类其实拥有三个大脑：它们分别是爬虫脑、哺乳动物脑（也称情感脑）和大脑新皮层（也称理智脑）。

其中，爬虫脑主宰着我们的呼吸、心跳、内分泌、消化、免疫等生命基础功能。日常生活中，我们很难觉察到它的存在。我们的意识，由情感脑和理智脑共同掌控。因此，我们将主要来了解这两个大脑。

在角色分工上，情感脑主宰着我们的感受系统，让我们经历各种情绪体验，比如恐惧、愤怒、惊讶、欢乐等；而理智脑则负责控制我们的认知功能，包括语言理解、注意力、判断、学习、记忆、推理、计划、控制、人际交往等。

在意识层面，理智脑和情感脑是同时发挥作用的。

一方面，理智脑可以控制情感脑，比如对个人至关重要的感受与行为抑制能力，理智脑所拥有的是一项重要的"刹车"机制。斯坦福大学科研工作者在脑成像研究中发现：当学生们看到令人反胃的图片时，他们的情感脑会立即做出反应；但如果要求学生有意识地控制情绪，那么图像立刻会显示出他们的大脑新皮层成为最活跃的部位，而学生的厌恶反应，则会相应下降。

所以，理智脑可以通过调整认知和运动过程，发挥改变感受或阻止行为执行的作用，比如运动抑制、抵制诱惑、延迟满足和冲动控制等。如果理智脑不能正常启动行为抑制过程，人们将会面临冲动、强迫和注意缺陷等症状。

需要强调的是，理智脑的调用，需要我们注意力和意志力的配合。

另一方面，情感脑也可以影响理智脑。生活中，我们经常能见到的"行为失控"现象，就是情感脑压制了理智脑的功能。

耶鲁大学的安斯顿和特里西亚·高曼-拉奇克博士在动物试验中首先阐明：情感脑可以关闭前额叶皮层，让它丧失做出反应和控制行为的能力。

随后，这些研究逐渐延伸到人类。研究发现，在压力下，控制情绪的杏仁核会导致多巴胺和去甲肾上腺素过量生成，这会让掌管高级认知功能的前额叶皮层丧失功能。

事实上，当情绪过于强烈时，我们会发现自己根本无法自控，无法做出长久有益的理智行为，会呈现出情绪化或不理性的心理状态。日常生活中的愤怒、攻击、成瘾等非适应性行为，以及白芸想要亲近父亲，却在看到父亲时拔腿就跑的动作，正是这一现象的典型写照。

那么，既然理智脑可以控制情感脑，我们能不能多使用理智脑，或者干脆只使用理智脑呢？

大脑的两种工作模式

我们的大脑有两种工作模式：自动导航和理智控制。

所谓自动导航，指的是面对各种挑战，我们依据习惯来做出反应，比如走路、开车、认路、运动等。在自动导航行为的背后，是大脑内特定的神经元连接回路——无须思考，自动反应。而理智控制与自动导航正好相反，我们通过有意识的思考、分析、判断、决策、执行等过程来行动。

有研究认为，日常生活中90%的时间，大脑会调用自动导航模式；而只有不到10%的时间，会采用理智控制模式。这是进化形成的大脑工作机制，是人类卓越的适应本能之一，因为人脑是高能耗组织。

大量的研究数据显示，虽然我们大脑的总质量为1400克左右，仅占个人体重的2%~3%，但能源消耗占比却非常高：其耗氧量达全身耗氧量的25%，血流量占心脏输出血量的15%，身体所需葡萄糖总量的20%被大脑细胞消耗。

高能耗特点，决定了大脑的工作机制一定是节约型的——我们的生活更多依赖于自动导航模式，而非理智控制模式。

实际上，有研究认为：自动导航能力，决定着我们能否成为某一领域的专家。

2014年，瑞士《人类神经科学前沿》杂志发表了日本神经学专家的一项研究报告。核磁共振成像显示：擅长突破过人、脚下技术灵敏、花哨、充满创意的巴西天才足球运动员内马尔在盘带、过人时，脑部活动要比业余球员的频率低10%。日本国家信息和通信技术研究员、神经学专家英一内藤认为，这是大脑自动导航的结果，"脑部活动减少，意味着更小的脑部运转负荷，这能让球员一次性完成很多复杂的动作。我们相信，这让内马尔有能力进行复杂的假动作"。

在这里，大脑自动导航能力成为区分是否天才的标志。英国的一项研究，从另一个角度验证了自动导航能力的价值。

在伦敦，要想成为出租车司机很难：平均要花费两年多的时间记忆城市2.5万条道路布局，然后才能领取执照。早在2000年前后，脑神经学家就发现，伦敦出租车司机的大脑与普通人不同：他们大脑后部一片负责记忆空间方位的区域，相比对照组体积较大，神经元连接更加发达。科学家想通过研究了解：这种差距是天生的，还是训练后出现的？对个人来说，这种差距意味着什么？

无论是内马尔的大脑活动研究，还是伦敦出租车司机大脑成像研究，都集中表明了一点：在两种模式中，训练所依赖的理智导航模式会改变大脑结构，提升自动导航能力。而理智导航能否成功转化为相应刺激下的自动导航能力，会直接决定我们的专业能力和表现水平。

从有意识反应到无意识反应，这是我们适应世界、提升能力的过程。为什么很多时候我们"知道……却做不到……"，原因就在这里：大脑更习惯于自动导航，理智脑的调用需要有大量资源支撑，所以它无法独立主宰一切。

试 验 推 送

出租车执照培训对大脑的影响

试验负责人：

英国伦敦大学的神经学家凯瑟琳·伍利特和埃利诺·A.马奎尔

被试对象：

79名参加出租车执照培训的学员，31名年龄、智力、教育水平与学员相仿的普通驾驶员

研究过程：

1. 实验前测试：在试验一开始，研究人员就对110名被试做了工作记忆（亦称短时记忆）、长期记忆测试，确信他们的水平相差无几，然后用核磁共振成像技术测量了他们的海马体大小。

2. 4年后，79名学员中有39位成功拿到出租车执照的学员和20位考证失败的学员同意参与后期研究。研究人员再次对他们的工作记忆容量、海马体大小进行了测试。

研究结果：

虽然4年前所有被试的工作记忆、海马体大小都相差无几，但4年后，那些成功获得出租车执照的司机，在记忆表现上远好于那些失败者。核磁共振图像显示，成功者的海马体平均变得更大，而失败者的大脑海马区从始至终都是相同的大小。

情感脑的决定性作用

理智脑无法取代情感脑,不仅源于进化、源于能量分配,还在于离开了情感脑的工作,我们的生活会很快陷入混乱。

研究显示,在自动工作模式下,起作用的核心是情感脑——我们依据感受而非理智快速做出判断、选择、决定。离开了感受,我们会陷入无尽的自我怀疑。

在心理学研究中,保罗·艾斯才格博士和达马西奥博士曾提供了一个著名的案例:某会计师,智商高达130,事业成功,婚姻美满,和妻子育有多个孩子。由于一个脑部手术,他的情感脑和理智脑丧失了连接,出院后,虽然他的智商水平依然出类拔萃,但他却丧失了决策能力:没有了感受的帮助,哪怕是最小的决策,他都会犹豫不决。结果,感受的丧失很快让他的生活混乱不堪,最终他失去了工作,也失去了家庭。

在其他几例大脑情感部分受损而理智正常的病例中,研究人员也发现了同样的现象:离开了感受的帮助,我们的理智无法完成哪怕是微小的选择。

所以,从本质上讲,我们并非理智人,而是感受人!

这就是情感脑必须得到尊重,而不能被理智压制的原因。

不仅如此,自由体验并拥有感受,是感受自我、创造自我价值以及寻求内心宁静的关键。一旦情感脑长期受到理智脑的压迫,来访者很快就会体验到被拒绝感、丧失自我感、生活没有意义感。加州大学伯克利分校的研究表明:理智脑压抑负面情绪本身,就会对我们的心脏和动脉造成巨大负担。

咨询中,大量的来访者都采用过压制式的问题处理方案:我希望通过理智控制的办法处理自己的感受问题，比如，"我不能这么悲伤，我要振作起来""我的感受没什么重要的，关键看你感觉如何""我知道现在不能紧张，我必须控制住自己"……实际上，这些会诱发理智脑与情感脑冲突的内耗式解决方案，只会让他们在困境中越陷越深。

放纵情感脑会发生什么

从上文我们可以看出，情感脑可以被控制，但不能被长久压抑。但如果换个方向，让生活完全遵循情感指引，会发生什么呢？

我的一位来访者小尹，有一个4岁的女儿，丈夫是自己的大学同学，两人原本都奋斗在高铁建设工地上，事业、生活看起来都非常美好。产后为了照顾孩子，小尹回到了城里，而老公依然奋斗在野外，每年能见面的次数寥寥无几。渐渐地，小尹越来越希望丈夫能回到自己身边，但现实的压力却让他们无从选择。

两年多的分居生活，独立料理家中的一切，让小尹不堪重负。一个年轻有为的已婚男同事A进入了她的生活，她再次体验到被呵护、被关照的美好。可惜好景不长，对方的妻子很快发现了问题，并闹到了单位。男同事A因此远离了小尹，并公开声明自己不爱她。这一切让小尹无法接受，"你说他爱我吗"成了她急欲求解的核心问题。

为此，她运用了自己所能想到的一切办法，想要做出求证。但除了感受到更多的伤害，她一无所获。

像小尹一样，很多人都有这种彻底忽略甚至放弃自己的价值观，让理智屈从于感受的盲目行动经历，哪怕它们只会带来真实的伤害。

为什么会这样？为什么当我们陷入强烈感受时，很难做出长远有益的行为？研究显示，在压力下，当感受成为我们行为的主宰时，我们更容易选择即时刺激反馈而非长远价值反馈。生活中，我们常常看到有社交问题的来访者为了远离恐慌感，会选择回避社交；因学习而苦恼的孩子，为了减少痛苦，会选择不看书甚至休学；有关系冲突的夫妻，为了维持表面和谐，会选择减少沟通……

所以，了解大脑的运作模式，我们就会知道面对挑战的关键：接纳情绪体验，无论它们是积极的还是消极的；迅速停止内耗，将宝贵的身心资源用于及时补足解决问题所需的各种能力；然后坚持用积极的价值观来引领自己的行为。

这需要理智脑与情感脑良好协作。想象自己体验过的状态："这就是我想要的，太棒了！"——此时，我们之所以拥有巨大的幸福感和满足感，是因为情感脑和理智脑处于有效协作状态：情感脑指引目标，而理智脑则负责为实现目标积极寻求解决方案。在应用本书的练习中，你将有机会掌握这种平衡的诀窍。

第二节　停止内耗的四大阻碍

2017年，号称酝酿10年、拍摄历时两年的央视纪录片《镜子》播出。但让观众失望的是，经过90天的强制性培训，片中主角张钊等人的行为竟然毫无变化！他们依然认为自己是受害者，依然充满抱怨，依然不想上学，依然我行我素——而改变这些内耗行为，重建适应性习惯，本来是他们参与强制培训的原因。

18岁的张钊，跟父亲说话时眼睛盯着手机，嘴里宣泄着抱怨和不满，同时敲诈式地向父亲索要1万元钱，目的只是要买狗送给女朋友……

强制训练不仅没有解决这些孩子痛苦的根源，没有给他们带来内在力量，反而让他们彻底无视规则、抛弃了责任。

很多来访者，都与这些孩子一样：从理解的角度讲，几乎每个人都掌握了一些行之有效的摆脱心理困境的方案；但在行动上，他们即便知道该如何做，依然无法顺利走向康复。

为什么会这样？

要走出内耗，摆脱心理困境，我们需要翻越四座大山。

错误的信念：知识和态度会改变行为

生活中，我们常常会面临两大思维误区：掌握信息就可以改变行为，改变态度就可以改变行为。

很多来访者在求助前，都会想当然地认为："当我掌握了相关的信息或者改变了态度时，我就能走出困境。"在这一假设下，很多人开始通过网络、书籍、课堂等通道，不断补充自己的知识。但遗憾的是，这种学习很难让他们从中受益。

从一年前开始，莎莎妈觉得母女关系压力越来越大。不知道为什么，她和14岁的女儿冲突越来越多，沟通时总是不自觉地带出一股火药味。

为了缓和关系，莎莎妈决定改变自我。她开始参加心理培训，也买了《正面管教》（*Positive Discipline*）等相关书籍。面对我的时候，她显得困惑而苦恼："我花了这么多钱，参加了这么多线上、线下的学习，自认为掌握了很多知识和技巧，但为什么与孩子的沟通效果还是很差？"

她告诉我，前天晚上她带着女儿出门散步，两个人一路有说有笑特别开心。但当聊到一个她认为重要的问题——同学交友时，她忍不住对女儿的观点发表了几句自己的意见。"虽然是表达不认同，但我是好言好语地跟女儿说的，完全没有指责她，她却突然冒出一句：'行了，少说一句你会死啊？'听到这句话，我感觉自己一下就失控了。几乎在瞬间，我的脸凑到了女儿面前：'你说得少？就你说得少？'之后，我俩情绪都变得非常差！我不明白，我努力学习了这么久、这么多，为什么依然处理不好与女儿的关系。"

莎莎妈的应激反应，以及她女儿瞬间的无礼，都源于一件事：我们的自动防御反击机制。在感受到自我受到威胁时，无论是现实的危险，抑或是语言的冲击，为了自保，我们的身体会迅速进入战斗或防御状态。研究表明，在这种状态下，我们会主动搜索威胁信息并屏蔽其他不支持威胁存在的信息。此时，我们的行为是习惯性的，我们的认知、理解能力是偏执的——短时间内，我们失控了。

这种失控，不是莎莎的错，也不是她妈妈的错，它只是告诉我们：要改善关系，要重建沟通模式，我们需要的不仅是信息和态度（毕竟理智脑的工作时间不足10%），更是有效的练习。正如伦敦出租车司机要经过两年多的训练才能考取营业执照，有效的练习才能改变大脑结构，进而形成我们适应性的自动反应模式——习惯。

离开持续有效的练习，离开大脑神经回路有效的改变，我们将很难摆脱原有的内耗式思维与行为模式。

非适应的方法：越挣扎，越痛苦

遭遇问题后解决问题，这是人的本能，哪怕是被心理问题困扰的来访者，他们依然会努力尝试解决问题。只是对他们来说，很难摆脱一种困境：他们解决问题的方案，不仅无法解决原有问题，反而可能制造出新的问题。

换句话说，多数情况下，自动导航所选择的解决问题方案，多数都是内耗式的，它们不仅无法解决问题，反而会放大原有的痛苦。很多来访者皆是如此。

比如正在读大学二年级的小义。他求助的原因，是对体育课的极端恐惧："我们每周一上体育课，到周日的时候，我就开始紧张得不行，气喘，咳嗽……每次我都尽可能找个理由，感冒、发烧或者其他的理由，能逃我就会逃。"

小义真的是害怕体育课吗？随着咨询的进行，他慢慢讲述了自己的问题：在大学一年级时的一次体育课上，小义和同学一起打篮球，其他几个男孩因为他的技术太差而数落了他。从此，他开始害怕在体育课上见到那几个男孩；慢慢地，这种恐惧变成了对篮球的恐惧；之后，他专门向老师申请，从篮球训练转到了排球训练，结果内心依然感到恐惧，上课时总感觉有同学在旁边笑话自己；再后来，他的恐惧变成了对体育课的恐惧，每次要上体育课前几乎都会生病；最后，每次他见到篮球、排球，或只要想到体育课，就开始紧张，手心冒汗，身体瑟缩。

小义的经历，展现了典型的痛苦深化机制：一次偶然的现实伤害（刺激场景：篮球课被奚落）——害怕再次被伤害，因此选择逃避特定情境（行为反应：逃避同学，逃避篮球）——逃避无法摆脱痛苦，进一步扩大逃避范围，与之相关的事物、场景、概念统统进入要逃避的清单（行为反馈：无效；进一步行为反应：开始逃避篮球、排球、体育课）——最后无处可逃，痛苦从现实刺激转化为思维刺激，开始时刻遭受折磨（处理结果：只要想到篮球、排球、体育等相关概念，就会感到紧张焦虑）！

海耶斯教授2004年的一项研究表明，在科学已知的所有心理进程中，逃避感受是导致负面效果最严重的一种。

像小义一样，当我们选择回避不愉快感受，恐惧即将到来的变化，不愿面对任何不确定性，害怕不完美等内耗式解决方案时，我们往往会亲身体验到这样的悖论：最初我们遭遇的只是现实痛苦，但在挣扎中，现实痛苦开始演变为思维痛苦，到后来，完全无须现实刺激，仅仅是一个场景、一个念头，都会让我们陷入痛苦的深渊——在逃避中，痛苦被放大了！解决问题的方式，很快演变成新的问题。

孩子刚刚3岁的慧文，与丈夫的关系最近亮起了红灯。"我们根本无法好好说话，"慧文谈道，"每次一说话就会吵，不知道为什么，两个人的脾气都很大，谁也不让着对方。现在，我和他除了一起陪孩子玩儿，主动的交流已越来越少了。我不想跟他吵架，也不知道怎么能解决争吵问题。你说我该怎么办？"

毫无疑问，慧文和丈夫想弥补婚姻的裂缝，但他们所选择的方案——减少交流，不仅无助于摆脱困境，反而很容易成为他们关系破裂的最后一根稻草。约翰·戈特曼教授多年从事婚姻研究，被誉为20世纪美国十大极具影响力的咨询师之一。在他看来，夫妻间开始彼此筑墙、减少交流的行为，是夫妻关系即将破裂的最后一个信号。

这也是慧文求助的原因：他们的关系一天天变得更差，而非如自己本来期望的逐渐向好。

因为错误的应对方案，越努力越受伤的案例比比皆是。

比如因妹妹抑郁症发作来求助的小跳。小跳的妹妹因为父亲的关系，从十几年前就被诊断为抑郁症。一个月前，她从失眠开始，抑郁症再次发作了。为了避免刺激，家人对她几乎是有求必应，比如，她要砸东西发泄，让她砸；她要做美容，让她做；她要购物，给她钱；她害怕父亲，厌恶母亲，让父亲躲出去，让母亲少露面……他们一家是如此努力，但一个月过去了，妹妹的问题不仅没有缓解，反而住进了医院精神科。"作为家人，我们到底应该怎么做？如何面对她，应该跟她说些什么，或者做些什么？我感到很无力……"

小跳和妹妹的绝望，很多遭遇心理困境的人，以及他们的家属都感同身受。在困境中，来访者需要更有效的解决方案！纪录片《镜子》中的那些少年之所以无法改变，核心的原因之一就是，他们依然不知道该如何处理自己的困境：比如学习跟不上，不被同伴、父母关注，缺乏存在感，强烈的愤怒情绪，被感受掌控而无法掌控感受……

找不到有效的解决方案，不具备自动导航式的压力处理和问题解决技能，没人能有效摆脱困境！

匮乏的资源：身心俱疲

在了解认知偏差、行为无效、技巧缺乏之后，要摆脱困境，我们需跨越第三座大山——身心俱疲。

摆脱困境，需要来访者个人的努力。但很多时候，他们会哀叹："我不行啊""我做不到啊""我失眠好多天，我觉得提不起精神""我现在脑袋疼""我晕晕的,完全无力行动"……为什么会这样?

心理学研究证明:我们的身心资源是有限的,自我不仅是一种心理过程,同时也是一个能量过程。

1998年,《人格与社会心理学》杂志刊登了美国凯斯西储大学罗伊·鲍迈斯特和三位同事艾伦·布拉特拉维斯基、马克·穆拉文、戴安娜·泰斯共同进行的一个关于意志力的试验,对了解自我产生了深远影响。

在实验的第一阶段,他们给67名被试拿来一块新鲜出炉的、散发着诱人香味的巧克力蛋糕,几乎每个实验参与者都为此垂涎欲滴,有些人甚至直接把蛋糕拿起来放到鼻子下使劲闻。在被充分地唤醒品尝冲动后,67人中的一组被试,顺利品尝了美味的蛋糕;与此同时,另一组被试则非常不幸,在经历了巧克力蛋糕的巨大诱惑后,实验人员给他们拿来一根胡萝卜,无情地要求他们必须吃下胡萝卜而非巧克力蛋糕。

随后,实验进入第二阶段,研究团队给被试拿来一道难题,要求被试给出答案。结果,那些不幸被要求吃下胡萝卜的被试,很快就放弃了努力,他们所坚持的时间只有不到8分钟,还不到另一组被试平均24分钟的1/3;与没有参加第一阶段试验,只是接到第二阶段做题任务的被试相比,他们坚持的时间也还不到对方的一半!

这一实验的影响是深远的,因为它清晰地揭示出:我们的自控力、意志力资源不是无限的,而是有限的。它就如同我们的肌肉,如果你过度使用,它会变得疲劳、丧失力气、效率,至少在短期看来是这样的。罗伊·鲍迈斯特将这种因使用而导致的意志力减弱效果称为自我损耗。在他之后,很多科学家开始研究这一问题。一项汇聚几十项相关研究的元分析，也证实了自我损耗理论的正确性：无力改变，有时只是因为我们浪费了太多的身心资源。

离高考只有3个月了，喜欢通过看视频放松自己的小薇和妈妈达成了新的协议：将原本每周一小时的视频放松时间取消，专心复习备考。

刚刚达成协议时，小薇认为这种改变是必要的，也是自己能够做到的。但她很快出现了注意力不集中、走神的问题："上午的时候还好，但每天到了下午或晚上，有时书里的一个词、一张照片就会让我想起视频，然后心里感觉像猫抓似的想看。但我必须控制自己，所以我会强行中断想象，把注意力拉回学习上。"

在新的协议下，小薇很快遭遇了自我战斗式思维的困扰："想看视频"与"我要控制自己，不能这样想"的比拼。在这种自我战斗中，小薇感到自己的学习效率迅速下降，"实际上，我每周用于纠结、控制自己的时间，远超过原计划每周看一小时视频的时间……但一想到这些，我就会更加焦虑、自责……"

当我们的注意力过多消耗于自责、内疚、羞愧，以及自我否定、压制与控制时，用于学习、记忆的资源就会面临不足，注意力变差、记忆力变差、思维迟缓、效率下降等感受会接踵而来。

研究表明，思考、决策会导致大脑血糖快速消耗，血糖不足时，我们的意志力、判断力都会受到影响。在一项研究中，研究人员历时3周，每晚对107对夫妇进行血糖、愤怒程度和攻击性的测试。结果表明，血糖水平越低，夫妻间的攻击性语言就越多。但是，补充一点儿甜食将血糖提升到正常水平后，夫妻间的争吵次数就会减少。

为什么越挣扎越痛苦？首先，它会导致我们痛苦体验的扩大；其次，也是某种程度上更重要的原因：我们的身心资源在战斗中被无谓浪费，由此，可用于疗愈、自控的资源会严重不足，疲劳、无力、头痛、情绪失控等问题会让我们很难走向康复！

失控的思维与感受：丧失觉察、行动能力

遭遇重大挑战时，通常我们的反应会呈现五个不同的阶段。

第一阶段：迅速给出结论。比如"哎呀，糟糕（完蛋了，糗大了）"之类。这是大脑的天性：在身体做出反应之前，就会第一时间对威胁做出判断。

第二阶段：遭遇感受冲击。比如恐惧、羞耻、愤怒、悲伤、沮丧等。这个阶段的典型特征是短时间内感受如潮水般涌来，我们会受到强烈情绪的冲击。

第三阶段：我该怎么办。在感受冲击之后，我们的理智脑会重新启动，并提出一个有效的问题。

第四阶段：寻求解决方案。在处理感受、停止内耗并提出了正确的问题后，理智脑有机会开始寻找解决方案，并做出甄别判断，最终选择一个可行方案。

第五阶段：实施，反馈。在选择了方案后，我们会采取行动，并根据结果反馈调整解决方案。

当一切顺利时，这五个阶段的发生过程会非常快，我们能顺利完成感受体验和接受冲击阶段，很顺利地进入分析问题、解决问题过程。但当我们的感受无法得到足够的接纳与认同时，我们会遭遇"镜像神经元匮乏"现象——镜像神经元匮乏理论由马克·古斯顿博士提出，指的是我们时常用镜像映照外部世界，理解别人的需求，努力赢得他人的赞

许,与此同时,作为独立人,我们也希望他人能映照我们的感受和需要。如果这种渴望得不到满足,我们就会产生一种感觉:不被接纳、不被理解,并因此陷入深深的痛楚——在此影响下,我们的注意力会长久停留于前两个阶段,让生活陷入停顿。

与生活的停顿不同,有时我们成功摆脱了感受束缚,提出了解决方案,但很不幸,解决方案毫无效果,在沮丧中,我们的注意力会重新陷入前两个阶段。

这正是"无助感"的习得过程!

要摆脱镜像神经元匮乏和习得性无助带来的恶性循环:

首先,我们需要建立一个基本的认知,即痛苦是成长的一部分。这犹如爬山,过程可能会充满艰辛,但这是屹立山巅所必须经历的。因此,没有痛苦的生活,也必将是没有满足感的生活。

其次,我们要担负起生活的责任。我能够通过改变与选择思维、行为,掌控我的感受;我是感受的主人,而非感受的奴隶。

再次,我们需要重建自我觉察能力。比如,哦,我陷入了第一阶段,我的生活停滞了,不过没关系,我可以停止内耗,选择重启解决问题的过程,进入下一个阶段。当然,这种自我觉察能力不是天生的,需要大量的练习,需要有识别大脑自动导航模式、有效管理情绪、处理情感脑控制等能力。

最后,我们需要处理内耗的有效技巧,比如,如何调整注意力,如何管理不愉快的感受,如何处理思维,如何补足技能、解决问题,等等。在困境中,很多人感到无助、绝望、难以摆脱困扰,这还是因为有效技能不足。

第三节　心理脱困四步走

如何才能更有效地走出内耗，摆脱心理困境？

接纳承诺疗法创始人海耶斯教授在演讲时总结出一个有力的论断：幸福不是人生常态，痛苦才是。因此，我们首先需要学会面对痛苦，不再试图逃避，而是接纳它们、欢迎它们。然后，我们才能节约并调动有限的身心资源，去寻获自己想要的幸福。

脱困第一步：接纳挑战

生活中，每个人都想摆脱压力。但研究表明：压力对我们的人生发展至关重要。比如具有一系列积极作用的催产素，就是一种压力激素：当身体抗压机制启动时，脑下垂体就会分泌这种激素，它具有天然消炎作用，可以让血管在感受到压力时依然保持放松，并能帮助心脏细胞再生，修复损失，同时，它还可以帮助社交场合因羞涩而受冷落之人克服社交羞涩感。

因此，我们必须接纳压力或痛苦，才能有效摆脱痛苦。虽然"接纳"是近年来尽人皆知的概念，甚至被很多人斥为"无用的鸡汤"，但大多数人其实并不知道如何做才是真正的接纳。

小芹已经是个大学生了，但她依然会为自己的学习情况而焦虑。为了摆脱困境，她选择了接纳自己。

"我总是会下意识地去和别人比，这让我感觉非常不好。现在，我会告诉自己，'我不是为了和她比''做自己的事啊，别人跟你有什么关系''不要想成绩，开心就好'，但好像我对自己的接纳完全没用，大脑天天依然乱哄哄的。"

对很多人来说，接纳只意味着自我说服、漠视或压抑……但所有这些其实只是控制行为，它们不是接纳！真正的接纳里，没有评判、否定、安慰、漠视、压抑等行为。

让我们看看另外一位失眠者的故事。

羽灵是一名即将毕业的研究生。在导师的推荐下，她已经找到了一份称心的工作，毕业后可直接上岗。在羽灵看来，自己的前途一片光明。但两周前，她开始失眠。

在咨询中，羽灵介绍了自己的情况："我面临毕业，在写论文。之前做的一张图是错的，但文章都写好了。我发给导师后，发现错误，立即重新做了张对的，但我特别担心导师会怪我。虽然他什么都没说，但我每天都在想这件事。然后，我就会出现灾难性的联想：会不会因为这张图影响导师的名誉啊？会不会影响自己毕业啊？想到这里，我就睡不着了。"

随着咨询的进行，羽灵开始讲述自己的解决方案："别人都安慰我，这事儿没什么大不了的。晚上躺在床上，我也这样安慰自己：没事儿，别担心，不要想了，赶紧睡觉！可是，这好像完全没用，我的思维就是不受控制地胡思乱想。刚开始的时候，我吃一片安眠药能起点儿作用，但几天后，安眠药好像也不管用了！"与其他受困者一样，羽灵对自己的安慰不是接纳，而是控制。

脑神经生理学的研究已经证明：人本质上不是理智人，而是感受人！当我们的情感脑得不到接纳，感受得不到有效倾听与认可时，我们就会陷入自我斗争的状态。在内耗式战斗中，没有赢家，只有输家！

虚假的接纳，带来的依然是战斗！而真正的接纳，首先需要放弃战斗。

对羽灵来说，要改变的习惯有很多，但要处理最急迫的威胁——失眠，她首先应学会感知世界、回到当下，这会帮她放弃思维控制。在咨询中，我们重点练习了回归当下的身体放松技术和自我觉察技术。与前两周的遭遇不同，在接下来的两天里，羽灵感受到了变化："虽然还是睡得很慢，但这两天我终于不用吃安眠药就能睡着了！"

当然，任何问题的解决都不会如此简单。三天后，羽灵告诉我，她又失眠了。"当我做完练习，却依然没有睡着时，我就开始着急了：怎么还睡不着？练习怎么没有用？然后，我又控制不住思维，又得吃安眠药了。"

羽灵的苦恼，非常具有代表性。

安全感是人最基本的需求，而想要获得安全感，大部分人的选择是提高掌控力并尽可能消除不确定性——让不确定的世界变得确定，让不可预测的结果变得可预测。

但对解决失眠来说，这种谋求确定性的努力恰恰会导致大脑的觉醒，而觉醒是失眠问题的根源。所以，当自我觉察与放松被当成新的救命稻草，成为自我战斗、谋求控制的全新武器时，解决问题的方式会再度成为新的问题。对羽灵来说，要恢复自然入睡的能力，还需要更长的时间、更多的练习。

脱困第二步：有效的仪式和持续的努力

心理咨询最重要的目标，是增强来访者内在的力量，让他或她有能力独自面对、处理不同的挑战，但很多时候，咨询师成了来访者内心世界的核心。虽然很多专业人士会辩称,这是心理康复必然的过程,但大多数时候,这都意味着咨询过程的无能。

一位著名的心理治疗师讲过这样一个故事:"我为一个男孩做过几个月的成功干预,10多年后,有一次我们在街上偶遇,我一眼就认出了他,但他没有认出我,就好像我从未存在过一样。我对此感到十分骄傲!当你帮助某个人重新过上正常的生活,然后你全身而退,自己完全被遗忘,这才是最好的治疗效果。"

如何才能做到这一点?

在空手道练习中,很多老师会在训练开始时说一声"OSU"(空手道术语,日语词"推""忍"的缩写,代表着耐心、决心和坚持)。这个词一出现,老师周围一圈的人,神情都会立马严肃起来,连呼吸都会保持一种特有的节奏。OSU,是一个表达问候的敬意词,象征着耐心、决心以及坚持。每个学员都知道这一点,所以,当听到这个词时,他们会迅速调整到与练习要求相一致的身心状态。在这里,OSU就是一个信号,意味着一种全新的状态。

要想让来访者发现内在的力量,摆脱对咨询师的依赖,我们同样需要借助"OSU"的影响——建立有效心理练习的仪式。兰格教授提出,仪式要整合情绪、理性和行为,在仪式中,我们不但拥有头脑,更拥有心脏和双手。

麦克米伦认为,仪式创造了一个机会,让来访者可以独立于心理治疗师去完成一些重要的工作。仪式也创造出一个成长和治愈的过程,完全依赖于来访者的能量和对成长所付出的努力。对结束内耗、摆脱心理困境而言,这是一笔巨大的财富,它会赋予来访者终身受用的工具,甚至可以让他们永远不再依赖咨询师。

仪式不仅能改变我们的行为、思维、情绪，同样能影响我们的大脑。

杰弗瑞·施瓦茨采用认知行为的方式，设计了一种专门针对强迫症病人的四步骤仪式化疗程：再标记，再归因，再聚焦，再评估。其核心是指导强迫症患者重新将注意力的焦点聚集在适应性的行为上。到了20世纪90年代末期，通过该仪式的运用，施瓦茨和他的同事们对强迫症患者的治愈成功率达到了80%，而且没有一例复发。脑成像扫描显示：患者在练习仪式前，大脑尾状核、眶额回和右半球的丘脑被明显激活；但有效练习后，对应的大脑激活不复存在，强迫症的大脑之锁被打开了。

大量的研究表明，仪式练习可以改变大脑结构，进而改变非适应性的思维与行为习惯。

但是，仅有仪式无法带来有效的改变——如果来访者没有动力，如果他们无法坚持练习，任何仪式就都是无效的。对成年人来说，要想建立全新的大脑网络，需要付出巨大的努力、决心和练习。

而在掌握技巧之后，强迫症患者必须不断练习，才能保持住习得的技能。

英国伦敦大学功能神经影像学研究中心博格丹·德拉甘斯基博士做了一项研究，他教授12名被试玩杂耍的技巧，并利用脑成像技术扫描观察他们的大脑变化。结果显示：练习3个月后，被试逐渐掌握了这项技能，对应的颞叶区域和左侧后顶尖沟出现了明显的增大；又过了3个月，新的扫描显示，他们的大脑又恢复到原有的尺寸，而被试也确实遗忘了大部分已掌握的杂耍技能。

有效的仪式与反复的练习，是来访者停止内耗并挖掘内在力量，发展独立面对挑战的能力不可或缺的两大法宝。

脱困第三步：寻求积极、可掌控的反馈

生活中，我们常常听到这样的呐喊：

"为什么我做什么都没用？"

"我已经很努力了，为何还是这样难受？"

"我都已经跟妈妈道歉三次了，她还是不肯原谅我，她想让我怎么做？"

…………

在这里，消极的反馈，成了新的无法承受之重。

我们所有的能力，都源于积极的反馈，而所有的痛苦，都离不开消极的反馈。在心理康复过程中，来访者要面对的一大陷阱，就是不可控目标带来的消极反馈问题。

平光初次找我，是她读高二时，原因是母女关系太紧张。小时候因为父母离婚，她跟随父亲住在农村，母亲住在城里。后来因为在城里上高中，她住到了母亲家里。对她来说，这是一直渴望的亲近母亲的机会。但母亲对她的爱与她的期望并不相同：每次母亲心烦，就会指责、辱骂平光。渐渐地，她越来越不敢表达内心的感受，压抑感越来越重。

我们的第一个目标，是帮她重建表达能力，对母亲说出内心的感受。但准备了几周后，她的自我表达遭到母亲歇斯底里的反击。

"我说什么都没用，她根本就不想听我说！"平光低着头，非常受挫。

我："是的，这确实非常难，你说的话，你的母亲完全无法倾听。"

平光："是的，她认为我说自己不高兴就是大逆不道，这些话就不

应该说出口。"

我:"确实,妈妈的反应让你非常受挫。"

平光:"嗯,我被她一骂,就又不知道该怎么办了。"

我:"沟通过程与预想不太一致,一下子让你不知所措了。"

平光:"我真的要疯了。"

我:"嗯,要疯了。让我们看看,除了与以往一样的痛苦,你有其他的感受吗?"

平光:"你指的是什么?"

我:"比如这次你的目标是什么?是改变妈妈,还是说出自己的感受和需要?"

平光:"说出我的感受和需要。"

我:"从这个角度看,你感觉自己做得如何?"

平光:"嗯,这次我确实表达了自己的感受。"

我:"你觉得达到目标了吗?"

平光:"达到了,但是我妈妈还是那样骂我。"

我:"嗯,妈妈的反应确实让你难过。记得我们是如何选择目标的吗?"

平光:"关注自己可控的事情。我能控制自己的行为,但不能控制妈妈的行为。"

我:"是的,一旦我们选错了目标,很容易遭受更大的挫折,从而放弃已经开始的改变。如果考虑到最初的目标,你认为自己做得怎么样?"

平光:"如果这样说的话,那我做得还是不错的。"

慢慢地,平光抬起了头,眼睛里又有了光芒!

在困境中，每个来访者都需要确定自己可控的目标，否则，我们一点点的收获，很容易被更大的伤害掩盖。设定可控的目标并收获积极的反馈，这是重建个人心理灵活性、让来访者有力量重新掌控自己生活的重要一步。

脱困第四步：分解痛苦并练习针对性的处理仪式

在强烈的痛苦中，很多人会有一种被大山压迫、束手无策的感觉。

在无助中，每个人都会本能地想要逃开。

但我们已经看到：逃避意味着内耗，却无法解决问题。要想有效处理痛苦，我们必须面对并深入体验它们。一旦我们能够进入痛苦的内部，我们很容易就会发现，像生活里其他的困难一样，痛苦也是可以分解的。当我们能清晰触摸到痛苦的不同层面时，我们更容易找到有效的解决方案。

梅姐求助的原因，是爱的痛苦："为什么每当我爱上一个人的时候，就开始莫名地抑郁或悲伤？"看起来很怪，不是吗？对她来说，爱竟然会与抑郁和悲伤挂钩。

但通过进一步沟通后，真相逐渐浮出水面："我爱妈妈，但她抑郁症很严重，最后自杀去世了。小时候，妈妈经常派我跟踪父亲，甚至父亲出去上厕所，妈妈都会怀疑他是否借机跟别的女人打招呼。后来，他俩吵架越来越凶，直到动手，把我吓坏了。再后来，我长大了，每当我要爱一个人的时候，自己和母亲的关系，母亲和父亲的关系，就浮现出来了。在婚姻中，我总是让着老公，决不吵架，即便他有了外遇，我都容忍了半年没吭声……"

梅姐的问题，表面看是情绪管理，再深一层仿佛是成长创伤，但单纯处理这两类问题都不会有效，因为她痛苦的真正根源是大脑里自动呈现的内耗式对话："不要爱上他，我见过父母的关系，相爱后会受伤的。""不要与丈夫吵架，妈妈曾因此抑郁并离开我，我无法承受这样的痛苦。"……这些自我对话，代表着梅姐内心的恐惧，再加上情绪管理技能和夫妻相处技能的不足，无能为力、无助等感受会进一步催生悲伤……最终，自动化思维、痛苦感受以及无效的解决问题方式，一起构成了一条下行的非良性循环！

看清了痛苦，梅姐摆脱困境的方法已呼之欲出：首先，她需要学会如何处理思维，转换注意力；其次，要能有效处理恐惧、悲伤等不愉快感受；最后，还要掌握夫妻相处的一些必要技巧，并将它们变成全新的行为习惯。

其实，大多数人的困境与梅姐一样，包含了注意、思维、感受、人际四个不同层面的因素。同时，面对困境，大部分人缺乏有效的、可自控的练习技巧。比如，现在流行的心理咨询模式，或者强调咨询师的倾听支持，强调经年累月的心灵成长，很少直接涉及个人对生活的掌控力；或者强调对个人不合理认知的觉察、纠正，而这很容易诱发情感脑与理智脑之间的冲突，让一部分来访者陷入无谓的自我战斗模式。

因此，要走出内耗、摆脱困境，夺回对生活的掌控感，我们首先需要分解痛苦，并练习使用更多基于实证研究，简单、易操作、有效的解决方案。

从下一章开始，我们将针对内耗中普遍存在的注意力偏差、思维失控、感受冲击，以及人际交往技能不足四个领域，提供六种有效的困境处理工具，并在此基础上，针对具体的问题，呈现经过实证的、有效、易操作的解决方案。

🌸 Tips

当陷入心理痛苦时，很多人会自责，认为自己出了问题。读完本章，你会发现大脑的运作模式、反应习惯、解决问题的技能匮乏等才是真正的核心。实际上，我们自己无论此时此刻成功与否、快乐与否，永远都是一个有价值的、珍贵的、值得去爱以及被爱的生命！

🌸 练习吧

1. 生活中，我们经常会体验到"我知道"，但却"做不到"的困扰，你知道背后的原因是什么吗？

（1）我的问题：我就是个废物，我很差劲，我没有价值。

（2）环境的问题：我缺乏有效行动所需要的支持资源，没人帮我，我一直都是孤军奋战。

（3）社会的问题：知道却做不到的人多了，我只是个普通人，所以很正常。

（4）习惯的问题："知道"是理智层面的事，而"做到"是行动层面的事，当我缺乏练习，以及由此形成行为习惯时，我很难自动从"知道"变成"做到"。

2. 你能说出下面各种现象背后的原因吗？

（1）当我们感到羞愧时，我们的表现不会因此变得更好，而是会更差。

（2）相比早上，我们在忙碌了一天后的晚上更容易发脾气。

（3）当我们情绪激动时，我们常常会体验到"被气昏了头"，或"丧失了理智"。

（4）当家人用无条件满足来回应陷入心理障碍患者的要求，哪怕是无礼要求时，其状态不是变好了，而是变得更差了，行为更容易失控。

3. 你能给下面这位讲述自己经历的来访者一些有益的指导吗？

我也想努力啊，可是我做不到啊！每天一睁眼，我就开始想那些乱七八糟的事情，然后我就很难受，特别痛苦，所以我不想起床，也不想梳妆打扮，不想出门。我只想静静地蜷缩在床上，什么都不做。

4. 你能指出下面描述中存在的问题是什么吗？

（1）咨询师说了，我的问题，源于对自我的过分压制。所以，现在我要开始做自己想做的事情，说自己想说的话，谁都不要想再约束我。

（2）你已经这么大了，应该懂事了，为什么还是这么不听话？

（3）只要你想，只要你意志坚定，只要你坚持不懈，你就一定能做到！

（4）宝贝儿，你真是太聪明、太厉害了，我真为你骄傲！

5. 思考自己的生活，回答下面的问题：

（1）你觉得自己是个自由人吗？你是否拥有行动的自由？

（2）当不愉快的感受出现时，你会如何处理？它会影响你正在做的，或者计划要做的事情吗？

（3）当脑海里不愉快的思维出现时，你会如何处理？它会改变你的感受，进而影响你的行动吗？

（4）当不愉快的感受和思维出现时，你能有效处理它们，继续坚持做正在做的或计划要做的事情吗？

（5）当感受与思维控制了你的行为时，你是自由人，还是奴隶人？

6. 试着思考一下，当感受和理智出现冲突时，你是如何做的？你的选择和行动带来的结果是什么？

第三章

停止内耗的六把钥匙

思维的苦难是内在的，很多人虽身处其中却难以迅速察觉，但情绪的苦难，却是一望可知的。

对我们来说，痛苦的来源可能有很多：有时来自身体的病痛与伤害，有时来自现实的失败或缺陷，有时来自心理的压力或自我压迫，有时来自社交遭遇的拒绝与排斥……但无论来自哪里，它们都会集中表现为丧失转换灵活性的注意力、无法摆脱的思维困扰，以及难以承受的情绪冲击。

在咨询中，坐在对面的来访者，经常会缩起身子，低垂着脑袋。看似没有任何活动，但他们通常能感受到心跳加速、坐立不安、头痛疲乏、无力虚弱等真实的体验。他们的无助与痛苦，一望可知。在身体语言之外，也常会有来访者提出这样的问题：

"老师，你告诉我，如何做才能不这样痛苦？"

"我想专心复习，不愿意走神浪费时间。所以当我发现自己走神的时候，我会非常生气，也很担心会影响学习，结果可能一天我都无法继续复习了。你告诉我，我究竟该怎么办？"

"我也不想紧张，可是在人群中，我越控制自己，身体抖得越厉害。你能不能教我如何控制紧张情绪？"

"我不敢看跟孩子有关的一切东西。每唤醒一次记忆，我就痛苦一次。他离开已经一年了，我要如何做才能走出悲伤？"

…………

痛苦中，我们往往急于寻求外部答案，希望他人或专家能给自己开出一服灵丹妙药。殊不知，处理痛苦的能力，我们每个人天生就有。只是不恰当的成长教育，让我们逐渐遗忘了内在的智慧。

在传统教育中，我们学会：要理智，不要冲动；要坚强，不要哭泣；要乐观，不要消极；要勇敢，不要畏惧；要合群，不要孤僻……持续引发内耗的教育，让我们长期忽视、否认甚至敌视自己的特定思维与感受，让我们每天消耗大量精力与之战斗。为了赢得这场战斗，有些专家可能会教授一些不同的处理技巧，比如迅速转移注意力，醉心于繁忙的工作，忘却，忽略，漠视，否认，压制，等等。

在针对愤怒的处理中，曾有很多专业人士使用一种被称为"思维停止"的行为干预技术，其方法很简单：在手腕上套一根橡皮筋，每当感受到愤怒时，就用橡皮筋弹一下自己。这种借助外力来控制愤怒的技术，在我看来非常糟糕。现在，我们先介绍一个在心理咨询中非常重要的试验：白熊控制试验。

试验推送

白熊控制试验

为了了解思维控制的影响，美国哈佛大学社会心理学家丹尼尔·魏格纳教授设计了一个著名的心理学试验：白熊想象。

在试验中，魏格纳让一组被试在5分钟内大声说出自己脑海中出现的形象。但是，要注意控制自己，不要想到"白熊"。5分钟后，魏格纳告诉他们，在5分钟的时间里，可以随意想象白熊，但每想到一次，就按一下响铃。

然后，魏格纳让对照组用5分钟的时间想象白熊，每想一次就按一次响铃。

结果，魏格纳发现，第一组被试，在完成了第一阶段的思维控制任务后，5分钟内想到白熊的次数远超过第二组从未被限制的被试！

该试验结果清晰地表明了一个道理：越想控制思维，思维就越容易失控！在因为多思而失眠时，很多人会强迫自己不要再胡思乱想，赶紧睡觉！结果，努力控制所带来的不是安然入梦，而是更持久的清醒。其核心的原因，就在于控制的反作用！

对特定思维的压制一定是无效的。感受处理也是如此，甚至当我们试图压制自己的愤怒时，只会激发更大的愤怒。

文茨拉夫和魏格纳在2000年的一项研究也表明，当我们想要压制自己的情绪时，其结果不仅无效，反而会唤起思维，从而导致思维和感受的双重冲击。

所以，某种程度上，这种非适应性的教育和不恰当的处理，正是我们陷入内耗、无法摆脱困境的根源！正如海耶斯教授在大量的研究中所指出的：我们追求幸福，认为幸福是人生的常态，其实这是危险的幻觉。我们必须接受：痛苦才是人生的常态！

遗憾的是，随着心理学知识的日益普及，近年来，对于心理问题的处理，正逐渐从压抑、否认、漠视走向另一个极端——放纵，即任由思维、感受掌控自己的生活。

在身患抑郁症的人群中，这一观念尤其流行。

"要尊重我的感受，不要逼我。"

"我不想活动，就让我这样待着。"

"你是不是想逼死我？我就是不敢出门，我就是害怕人多的地方！"

"不想努力的话，就不要努力了。"

"我抑郁了，一到学校我就难受，我要休学。"

…………

研究表明，当我们的生活被感受掌控时，我们会更多追求当下的即时刺激而非长远目标。现实生活中，几乎每个人都有在压力下意志力丧失、自控力下降，所做的行为让自己后悔等经历。

2015年，迈耶等人用脑成像研究揭示了压力下的脑功能机制：在压力状态下，大脑奖赏回路高度活跃，而与自控力有关的脑区活跃度却明显下降。为什么在压力下我们会更愿意追逐美食、狂欢、购物等享乐活动带来的短暂满足，而放弃既有的价值观？原因就在这里。

其实，在压力状态下，一旦大脑内血糖含量不足，我们的表现就会与寓言中那群朝三暮四的猴子一样：主宰我们选择的大脑，将变成关注短时利益、即时刺激机制的情感脑，而非关注长远利益的理智脑。我们究竟应该顺从即时刺激，还是更应该关注长远利益？研究给出了确凿的结论：不同的选择，在营造幸福感、强化身体健康水平等方面的影响会截然不同。

在加州大学洛杉矶分校的一项研究中，斯蒂文·科尔领导的团队从生理层面检验了娱乐带来的幸福感和价值实现带来的幸福感对身体的影响："研究告诉我们，让自己感受好些和做有意义的事情，虽然都能激发积极情绪，但它们对身体的影响却截然不同：做有意义的事情激发的幸福感，会带给我们的身体更低的炎症水平，以及更高的抗体水平和抗病毒基因；而享乐带来的幸福感，所伴随的是完全相反的身体反应。"

所以，即时刺激虽然也会带来满足感和愉悦感，但身体研究呈现的结论却与感受相反：它会伤害而非保护我们的健康。多么令人震惊的事实！

是时候开始改变这一切了。

面对让我们不愉快的思维与感受，正确的处理方式既不是否认、压抑、漠视，也不是顺从、屈服——它们都会引发内耗而非驱动我们前进。

面对它们，我们需要做出不同的选择：首先，重新校准认识——从评判并排斥"不好"的想法和情绪，转移到开始平静地接受它们，认识到它们也有各自存在的价值；其次，我们还需要重新组织行动——从害怕自己的想法，排斥恐惧、愤怒、悲伤、羞耻、孤独等不愉快感受，转变为用行为来接纳它们，甚至是利用它们所蕴含的智慧，主动激发并体验某些特定情绪。

这不仅是因为每一种想法和感受都有自己存在的理由，都能为我们的成长与发展提供自己的能量，更是因为只有拥有这些不愉快感受，去体验它们，学会利用它们的力量，我们才能停止内耗并有效处理人生中不断遭遇的各种挑战，进而成为更好的自己。

下面，我将带大家重新认识我们一直拥有却常被忽视的六种基本能力，它们就如同六把开启希望之门的钥匙。无论面对何种困境，只要善用这些钥匙，我们就会更容易摆脱内耗，过上想要的生活。

第一节　自豪与羞愧

阿军来做咨询时，情绪异常低落："在一次酒后，我没控制住自己，出轨了。我内心特别愧疚，觉得对不起妻子，对不起孩子。"

"嗯，觉得特别愧疚。你来找我的目的是什么？"

"我不想伤害妻子，我想保护自己的家庭。但现在错误已经犯了，我不知道该怎么办。如果告诉她，我怕她会受不了，我们的婚姻有可能会结束；如果不说，这件事憋在我心里太难受了，我几乎不敢看妻子的眼睛，不敢面对她的笑容。你说我该怎么办？"

阿军面对的就是一种基本的自我意识情绪：羞愧！

保罗·艾克曼是全球著名的表情识别和情绪研究专家，1967年，他开始研究微表情，成功发现人类有七种相同的基本情绪（或称原生情绪），它们分别是恐惧、愤怒、悲伤、快乐、惊奇、厌恶、轻蔑。与这些原生情绪不同，自豪、羞愧、内疚、尴尬、共情等情绪都涉及自我与评判，其过程更加复杂，因此被称为"自我意识的情绪"。

近年来，大量的研究集中于原生情绪领域。但有越来越多的研究者发现，这些自我意识的情绪以及诸如悲伤、愤怒等基本情绪，与精神病理学密切相关。同时，自我评价是成年人生活的核心，迈克尔·刘易斯在《情绪心理学》（*Handbook of Emotions*）一书中明确提出：自我意识的情绪很可能处在我们情绪生活的中心。

就像阿军所感受到的，在出轨后，面对妻子的笑容，羞愧已成为他内心压倒一切的情绪力量。要想摆脱这种情绪困境，我们有必要先了解自豪感、羞愧感，以及其各自的应用价值。

在百度百科中，"自豪"被定义为："指自己感到光荣、成就，值得具备成就感。"成就,看起来是一个高不可攀的门槛儿。实际上,自豪是哪怕幼儿都很容易体会到的感受。特蕾西、罗宾斯和拉格图塔的研究表明,儿童识别自豪情绪的能力发展相对较早,不晚于4岁。对自豪情绪的感受则会更早:在自我意识出现后,如果幼儿发现自己靠自己成功地做到了一件事情,比如学会说一个单词,自豪感随即出现。

所以,刘易斯认为,自豪感是这样一种体验——对自己做得不错的一种思想、行为或感觉的喜悦。而与自豪感相对应,羞愧感的出现,则意味着我们的思想、行为或感觉没有达到自己、他人或社会的期望,是一种"身体收缩,仿佛要从自己或他人视野里消失,希望自己躲起来"的体验。

对个人来说,自豪和羞愧意味着什么?让我们先看一个心理学试验。

试验推送

什么会改变一个人的自控水平

美国南加州大学商业管理与营销教授德博拉·麦金尼斯领导的团队,通过试验考察了自控力的影响因素。

在试验中,他们将被试分成三组,每组被试都被安排单独面对一块散发着诱人香味的巧克力蛋糕,并被告知他可以随意品尝,想吃多少都没有问题。但是,被试在开始享用蛋糕之前,被要求做一个简单的想象练习:第一组被试,被要求想象自己如果能成功抵制巧克力蛋糕的诱惑,只是享用了一小块时所感受到的自豪和愉悦;第二组被试,则被要求想象如果自己行为失控，吃了太多蛋糕后所带来的羞愧感；第三组被试，仅仅被告知可以自由选择吃多少。

在我们的常识中，唤起羞愧感通常是提高自控力的不二法门。但试验最终的结果却出乎我们的意料：第一组被唤起自豪感的被试，吃的蛋糕量要远远小于其他两组；而第二组被唤醒羞愧感的被试，是三组被试中吃的蛋糕最多，最缺乏控制力的。

由此可见，糟糕的感受带来的内耗，会削弱而非增强我们的自控力。

大量的研究显示，与智商、财富、地位等外在因素相比，自控力会直接影响我们未来的发展。比如斯坦福大学近15年"棉花糖"追踪显示，幼年时自控力强的孩子，相比其他孩子的大学入学成绩要高出200多分。不只是学业成绩，他们在同伴关系、情绪管理水平等方面的表现，都优于自控力弱的孩子。与斯坦福大学的研究结果相类似，杜克大学长达30年的跟踪研究表明：自控力强的孩子在成年后的收入水平更高，社交关系更好；而自控力差的孩子，到30岁时，有两倍的概率会遭受高血压、肥胖、肺病等健康困扰，有三倍的概率遭遇烟、酒、药物依赖或犯罪。

所以，想要表现更好？试试去减少内耗，唤醒并利用自豪的力量。

因为自豪会让我们感觉充满力量，可以应对一切挑战；但羞愧，则会导致我们正在进行的行为中断，思想混乱，甚至无力说话。

这正如困境中的阿军：在羞愧中，他几乎无法做出任何对夫妻关系有意义的行动——无法面对妻子，不自觉地远离妻子，这与他想要的生活背道而驰。

我："你真的想要保护这段婚姻吗？"

阿军："是的，我说了，那只是一个错误。我想弥补这个错误。"

我："好的，你想弥补这个错误，你想解决内心的羞愧。那么，有一个有效的方法，你愿意尝试下吗？"

阿军："什么方法？"

我："面对你的恐惧，承担你的责任，告诉妻子发生的一切，然后争取妻子的帮助。"

虽然阿军不太愿意这样做，但他最终还是选择了坦白。

在经过两次模拟演练准备后，阿军挑了个时间，向妻子承认了错误。不出所料，妻子一开始的反应非常激烈，震惊、伤心、失望、绝望，但阿军已经练习了有效道歉的技巧，练习了如何处理妻子的愤怒与悲伤。最终，阿军的诚意，让妻子选择了原谅。

阿军的故事并没有就此结束。几周后，阿军再来时依然情绪消沉："虽然承认了错误，但我还是无法面对妻子——只要一想到过去的事情，想起她的痛苦，对她造成的伤害，我就感到内疚。我只想躲得远远的。对我来说，下班是一天最难熬的时光，不愿也不敢回家。"

在羞愧中，我们经常会遭遇这样的问题：陷入羞愧感受，丧失向着自己的愿望行动的能力。阿军想要保护自己的爱人、保护自己的家庭，但羞愧却让他持续做出相反的行为。"我到底该怎么办？"这是阿军绝望的追问。

作为自豪的反面，羞愧会引发持续的内耗，也是很多人极力回避的情绪，但它并非一无是处，而是有着自己独特的价值——离开了羞愧，我们将缺乏自我改善与前进的驱动力。羞愧意味着：这是我在乎的，是我爱的，它能提示我们前进的方向，给我们前进的动力，并帮助我们重建一个安全可靠的"成人依恋"。因此，主动体验羞愧，是有效处理羞愧的重要步骤。

> **自豪用处**：有效处理羞耻感，提升自我效能。任何时候，如果我们希望自己表现更出色，都可以借用自豪的力量。
> **羞愧用处**：改进自我行为，修复受损关系。

第二节　沮丧与悲伤

当事情没有按照我们的期望进行，当我们无法得到想要的东西时，我们首先会感受到沮丧。沮丧的体验并不舒服，为了回避，有时我们会将注意力聚焦于不可避免的丧失、自我的无力等视角，随之而来的将会是悲伤。悲伤的体验同样是每个人力图回避的，于是我们开始愤怒。这就是沮丧—悲伤—愤怒的情绪发展链条。

现实生活中，面对可能的挫折，当我们选择去漠视沮丧，并回避体验悲伤时，我们很容易变得愤怒。这种愤怒有时是针对自己，有时则是针对他人。

一知名985院校的保研直读博士生，学业成绩异常优异，却一直有种"什么都不会"的挫败感。由于无法有效处理思维内耗引发的沮丧感，最终他在保研读博4年半后，发展成对课题、导师的恐惧，以及对自我的否定，之后被确诊为抑郁症，休学半年。

研究认为，沮丧是无法回避的。来自伦敦大学的一项研究表明：一个人平均每天感到沮丧的次数达20多次。所以，虽然大多数人对它避之唯恐不及，但沮丧是我们日常生活的一部分。一旦我们想要压抑或者漠视这种现实体验，自我战斗就会迅速开始。

"振作点儿，失败一次而已，没什么大不了的。"

"想开些，好多人成绩还不如你呢。"

"走，别闷闷不乐的，咱们去游乐场玩玩。"

……

一时的回避或娱乐可能会让沮丧感暂时消失。但当我们激情消退、卸下伪装，不得不面对自我时，沮丧感会带着更强大的力量卷土重来，无效的处理方式会强化而非解决问题。

要摆脱内耗，我们需要体验沮丧与悲伤，接纳它们带来的不愉快感受。在接纳的同时，我们还要发掘它们所传递出的积极信息。与羞愧等不愉快感受一样，沮丧和悲伤同样具有积极的生理学和心理学意义，同样蕴含着前进性的力量。很多心理与生理学家对此做了大量的研究。

早在1991年，拉撒路的研究就指出，悲伤的一个关键适应功能，是促使个人在面对重大丧失后进行反思。伊泽德、拉撒路和斯特恩斯等人的独立研究认为：对悲伤的体验，会让我们的注意力转向内心，促进顺从和接受。同时，2003年韦灵的研究指出：悲伤会减慢我们的呼吸节奏，降低我们的心率和血压，使得我们有时间暂停，以便于更新认知结构并适应这种丧失，这种暂停也使我们能够做出评估并修改我们的目标和计划。相反，如果这一过程被人为阻止，内耗将导致更大的身心伤害。

著名的呼吸治疗师马克斯·斯托姆分享过一位来访者的故事。一位知名企业首席执行官，因为惊恐发作而向他求助："我每天要处理繁杂的企业内外事务，要见很多的下属与合作者。对我来说，最不需要的就是惊恐发作，我不希望正跟下属或合作伙伴谈话的时候突然发作，让他们看到我软弱的样子。"

在对话中，马克斯逐渐掌握了更多的情况：该首席执行官50多岁的弟弟，半年前刚刚去世，他甚至没来得及感受悲伤，就重新投入了繁忙的工作。也正是从那时开始，他遭遇了第一次惊恐发作。半年来，这一问题逐渐变得严重，以至于越来越无法继续忽视了。

"我觉得你面临的不是惊恐发作，你的问题是被压制的悲伤体验。"马克斯告诉他："我可以教你几个技巧，你先练习看看能否缓解。"几周后，该首席执行官在练习了重新体验弟弟去世带来的震惊、悲伤以及恐惧之后，惊恐发作问题逐渐消失了。

所以，从适应的角度讲，我们需要体验而非逃避悲伤。

悲伤的意义远不止这些。奥弗斯凯的研究已经证明，悲伤使人们能够部署更为耗时的分析策略，从而便利地解决问题。2005年，施托贝克和克罗尔在研究中分别用莫扎特和马勒的音乐来唤起正面的欢乐情绪以及负面的悲伤情绪。结果发现，悲伤的情绪下出现的错误记忆的数量，明显少于欢乐的情绪和未控制情绪下错误记忆的数量。他们由此得出结论：悲伤带来准确度。另外，大量的研究表明：悲伤可以唤醒我们身边的社会支持……

在咨询实践过程中，我也发现，沮丧与悲伤最明显的实践意义不仅在于停止内耗，还在于它们能够有效地处理愤怒。愤怒不是凭空出现的，在它出现之前，我们首先会经历沮丧，以及伴随而来的悲伤。

比如8岁的小虎，从幼时开始就很容易烦躁、生气。这一天，他又发怒了。事情很简单：放学回家，他打开冰箱，看到里面有两块巧克力，就拿起来吃了一块,"另一块留着,我晚上吃",他这样告诉自己。傍晚,父亲回家了。很快,小虎发现,巧克力到了父亲的嘴里。"你怎么把巧克力吃了?那是我的。"父亲无法理解发生了什么,"宝贝儿,你不让爸爸吃巧克力吗?""是的,你就不能吃,那是我的。"小虎愤怒地吼叫着。

小虎愤怒的根源,其实在于沮丧感:已经计划好的事情,被爸爸的行动完全破坏了。由于小虎缺乏有效的表达能力,所以他会用愤怒的方式来呈现自己的沮丧。

类似小虎这样的案例,我们通常会建议家长先自己完成向情绪支持型父母的转变,了解如何帮孩子表达自己的沮丧和悲伤感受,进而再清晰地表达需求,这种效果远远好于直接对孩子进行干预。因为只有通过家长的转变,以及与孩子日常不断的互动练习,孩子才能习惯于表达,并逐渐摆脱情绪困境。

在社会心理学领域,关于两个家暴干预项目的效果对比,也许能更清晰地揭示悲伤体验的核心实践价值。其中,德鲁斯项目干预的核心是唤醒家暴实施者的羞愧感,以此让他们控制自己的行为;与此不同,美国知名临床心理学家、情绪管理专家和家暴咨询专家史蒂芬·史多兹博士建立的家暴干预项目,则致力于唤醒家暴实施者的悲伤,以及由此引发的对自我的同情和对被施暴者的同情。

这两个研究,在实践中取得了截然不同的效果。德鲁斯项目的参与者,在完成项目后,反而比参加之前更容易产生家庭暴力。这里,如果你还记得我们上一节讲过的羞愧和自豪唤醒试验的话,你会知道:唤醒施暴者的羞愧感,只会让他的自控力变得更差,而不是更好!

与之相对应的是,史蒂芬·史多兹博士的研究呈现了另一种效果:

相比德鲁斯项目不足50%的参与完成率，史蒂芬·史多兹博士的家暴干预项目达到了75%的参与完成率；在史多兹博士项目的完成者中，90%的人在一年内没有复发家庭暴力，而德鲁斯项目完成者一年内家暴行为未复发的占比仅为10%。

两项家暴干预模式的对比研究再次证明：正确、有效的方法，以及反复、努力的练习，才是走出困境的关键。

当然，这不是说悲伤没有问题。事实上，格雷教授在2001年的试验表明，诱导的悲伤增强了空间记忆力，但同时降低了言语记忆力；阿姆贝比和格雷在2002年的报告指出，悲伤诱导导致参与者对视频短片的社会判断的精确度降低。更严重的是，无法处理的长期悲伤会带来更严重的心理创伤——抑郁。

但这些不影响悲伤成为我们摆脱情绪困境的第二把钥匙。在遭遇挫折，或经历恐惧、愤怒等不愉快感受时，我们去发现自己的沮丧，体验背后的悲伤，往往会让我们更好地摆脱困境。后面，我们还会呈现沮丧、悲伤技术具体应用技巧。

> **悲伤用途**：有效处理愤怒、家暴问题，唤醒社会支持。
> **沮丧用途**：释放压力，保护我们免受极端情绪干扰。

第三节　爱与快乐

1938年，哈佛大学"格兰特幸福公式研究"项目锁定268名毕业生，并在此后长达70多年的岁月里，持续追踪他们的生活变迁。项目后来的主持者乔治·范伦特说，这项针对美国精英的研究，将揭开人类幸福的密码。

这确实是一批美国精英，20世纪60年代，他们中有4个人在竞选参议院议员，一个人服务于总统内阁，还有一个人成了美国总统。但在炫目的成功后面，他们也有不为人知的痛苦：早在1948年，就有20人表现出严重的精神疾病；到50岁时，大约1/3被试曾在不同时段接近范伦特提出的精神疾病标准。对此，该项目的早期研究者博克深感震惊，据说在20世纪60年代他表示："我挑选他们时，他们都是正常的。一定是精神病学家们弄错了。"

2013年，乔治·范伦特发布了自己的研究报告：这个历时75年，耗资2000万美元的研究揭示的个人幸福秘诀，不是出身、财富、地位、名誉、外貌等所有外在的东西，而是一个简单明了的能力——爱！

是的，决定这批被试幸福感、健康状态，以及寿命长短的秘诀就是"爱"，是有意义的人际关系。

揭示爱的力量的不只是这一个试验。在丰富的咨询实践中，人本主义大师卡尔·罗杰斯很早就发现爱所具有的疗愈力量，他所提出的"无条件积极关注""倾听""共情"等思想已成为咨询师的必备能力，而这些，就是要为来访者创造一个爱的疗愈环境。

接纳承诺疗法创始人海耶斯在一次访谈中，被问到如何用一句话来总结自己的理论。他的回答是："爱是唯一的事情！"与卡尔·罗杰斯一样，海耶斯也将爱视为最具影响性的力量。

在心理层面，爱是幸福的秘诀。那么，在生理层面呢？它意味着什么？

有生理研究表明：当我们与他人亲密接触、交往时，当我们产生同理心或者帮助他人时，我们的大脑会释放一种重要的神经激素——催产素。前面我们提过：催产素作为一种压力激素，具有天然的消炎作用，它能让血管在感受到紧张时依然保持放松状态，可以帮助心脏细胞再生，修复可能的损失。

实际上，一项针对上千名美国人的5年研究表明，在遭遇诸如家庭变故、经济危机等巨大挑战后，未来一年死亡的概率会增加30%；但研究同时发现，如果在遭遇巨大挑战的同时依然能花时间帮助他人，那么压力对死亡的影响将会消除。

这就是爱的疗愈力量，这是试验所证实的古老观念："爱人就是爱己。"

在困境中，激发爱的力量，能帮我们更好地面对困境。

但爱别人，尤其是无条件地爱别人并不容易，这首先需要自爱的能力。就像卡尔·罗杰斯在《当事人中心治疗：实践、运用和理论》中讲到的：除非一个人首先爱自己，否则他不可能，无论如何也不可能爱别人。

如何才能开始爱自己呢？

在爱自己的旅途中，我们可以培养两种不同的能力：自我同情与感恩。

自我同情

在一次针对3～8岁儿童的母亲组织的小组活动中，我请在座的母亲回忆自己最近与孩子相处时感到后悔的一件事情，并用语言描述出自己的感受。

不出所料，这些母亲用的词，很多都是"我怎么会这么蠢""我太笨，毫无自控力""我真是有病，怎么能这么做""我不是个好妈妈""我恨自己，为什么明明知道不能这样，却偏偏这么做"……

这些自责性的语言，显示出母亲们对自己的残忍。卡尔·罗杰斯的研究已经证明，对自己残忍的人，不可能爱别人。对这些母亲来说，要想改变行为，无条件地爱孩子，只有一条道路可以选择：首先学会无条件地爱自己，关注自己。

近年来，针对自我同情的实证研究，不断揭示出它的独特价值：

2000年，吉尔伯特和米勒研究发现，自我同情能有效激发人体释放更多的血清素，它可以增强人的信任感、平静感、安全感、慷慨感，以及连接感；相反，自责则会导致人体分泌更多的皮质醇，这种化学物质如果长期处于高水平，将会减少我们表达愉悦的神经递质数量，诱发抑郁。

2008年，汤普森与沃尔兹研究认为，对于创伤后应激障碍患者来说，练习自我同情，可以有效减少严重的发病症状。

2012年，麦克白和古姆利的研究显示，在20多个研究中，自我同情对抑郁、焦虑、压力都有积极的影响。

2013年，杰默和内芙的研究报告指出，高水平的自我同情，可以减少焦虑、羞愧、内疚等不愉快感受，增加对悲痛、愤怒、亲近感受的表达意愿。

2015年，阿索·霍法特等发表的一项研究认为，自我同情可以有效减少创伤后应激障碍患者的自我评判，减少他们的孤独感，以及过分消极的自我认同。

自我同情，可以有效激活内在的生理与心理力量，帮助练习者走出压力、抑郁、焦虑、创伤后应激障碍等众多心理困境。

但谈到自我同情，最大的质疑来自文化传统——倡导自我同情，那还怎么激励、鞭策自己前进？这不是放纵自己偷懒吗？

现在，让我们一起来看一个心理试验。

试验推送

自我同情会削弱我们前进的动力吗

如果一个人犯了错，你会如何做？

在实践中，几乎所有人都会对其进行批评、指责，认为这会带来改变；相反，如果有人说不要指责，要对犯错者抱持同情态度，那很多人会说他疯了：这会导致犯错者自我放纵、不思反省，会让他丧失前进的动力。

事实真的是这样吗？

加利福尼亚大学伯克利分校的朱莉安娜·布鲁恩斯教授先后组织了4个独立试验，以检验自我同情的价值。在前两个试验中，研究人员要求被试考虑他们最大的软肋或缺点，第三个试验要求被试回想他们最近做错并感到内疚的一件事，第四个试验则要求被试做一套很难的习题。这些试验设置的目的都是唤醒被试的沮丧感、挣扎感。

然后，在4个试验中，研究者都引导被试进行自我同情。试验结果显示，那些练习了自我同情技术的被试，更愿意从自己的缺点、错误或失败中进行学习，他们认为自己更有能力改变个人的弱点。

因此，实证的研究给出相反的结论：当我们想要前进，当我们需要给自己发展的动力时，我们不能求助于自责、羞愧，而是要激发自我同情。

自我同情，让我们更有力量面对挑战。

～～～～～～～～～～～～～～～～～～～～～～～～～～～～～～～～

由于自我评价是成人生活的核心，当心理灵活性逐渐丧失时，自责、羞耻、悔恨、内疚等感受很容易如阴影般围绕着我们。如果我们想要重建适应性习惯，想要摆脱它们的困扰并拥有前进的力量，想要学会无条件地爱自己，然后爱他人，那么自我同情是我们必须学会使用的一把钥匙。

当小炜因父母突然离婚而自卑，自觉低人一等时，她说给自己听的话是这样的：（1）我知道，父母离婚对你打击很大，你觉得自己不再被爱，觉得自己低人一等，觉得未来一片灰暗，不相信有可靠的爱情和家庭关系，这很正常；（2）其实不光是你，任何人都可能遇到这种不可控的冲击，也都有可能在冲击下产生这些不愉快的感受；（3）是的，这种冲击让你感到无法忍受，备受打击，但你可以决定如何对待自己，你可以在接纳痛苦的同时，对自己好一些——停止进一步贬低自己，明确地告诉自己"我值得被爱，我可以拥有自己想要的生活，我的生活将由我自己而非他人做出定义……"

自责/悔恨/内疚/羞愧处理技术

自我同情

1. 回归当下：找一个舒服的姿势，站、坐、卧皆可，将注意力放到自己的呼吸上，关注一呼一吸，让自己的注意力聚焦于此时此地。

2. 共情：闭上眼睛，想象自己最好的朋友遭遇了这一切，正陷入痛苦，而你想要给他/她支持、温暖，想一想，你要跟他/她说些什么。

3. 记录与表达：把你想说的话写到一张纸上，大声读给自己听；或者把它录下来，放给自己听。

4. 唤醒：有可能的话，随身携带这张纸或录音，当你感到脑海中出现羞愧、自责、自我否定等声音时，把它拿出来，大声读或放给自己听。

爱是人类基本的需求之一，其在大脑中的生理基础位于最底层的爬虫脑区域，因此一旦被唤醒，其影响力远超感受影响。

感恩

我们所关注的，就是我们真实的世界。

《鲁滨孙漂流记》中主人公流落荒岛后的生活变迁，生动地展现了这一点。

一开始，鲁滨孙的生活只是挣扎求生。这是他荒岛人生的第一阶段：身体疲劳，精神空虚。当生存的问题逐渐解决后，他的荒岛生活迈入了第二阶段：从身体疲劳转向精神折磨——孤独、寂寞、委屈、不甘等感受接踵而来，在对上帝残酷安排的抱怨中，他饱受内耗诱发的精神痛苦。鲁滨孙经历着一切痛苦，直到有一天他突然转换了思维角度：他不再抱怨命运的不公与残酷，而是开始在行动和体验两个层面来感恩自己的生命，感恩岛上的物产，感恩自己正拥有的一切。于是，他的荒岛生活彻底改变了——他进入了内心充盈着幸福与满足的第三阶段。

感恩，作为一种行为，拥有改变人生的魔力：它可以将我们带离自怜、抱怨的境地，重新体验到快乐。这不仅是小说描写，而且是大量心理学实证研究和咨询实践验证的结果。

毓婷前来求助的是母女关系。"我已经上班了，但跟妈妈的关系还是很紧张。我无法忘记小时候她对我的言语伤害。但我一跟她说起小时候的事情，她就说我没良心，一点儿都不想着她对我的好。"

我："嗯，你无法忘记小时候妈妈的一些行为，你觉得它们对你造成了伤害，但妈妈并不想与你讨论这些事情。"

毓婷："是的，但是现在我一见她就感到委屈，很容易说起以前怎么怎么样，她就说我又抱怨，不知好歹，然后俩人就不欢而散。"

我："是的，你无法控制自己。童年的事情对你来说是无法迈过的一道坎儿，你不知道如何有效处理它们。"

毓婷："是的，我知道她是我妈，现在身体也不太好，我也想改变自己，但就是没有办法。"

我："确实很纠结，也很无助。我们的反应，更多受到感受而非理智的控制，所以改变往往很难。要摆脱过去的消极记忆，我们需要做一些有效的练习，你愿意试试感恩的方法吗？"

毓婷："感恩？你想让我感激她对我的伤害吗？我可做不到！"

我："嗯，你担心我会让你做一些自己无法做到的事情？我理解你的顾虑。让我来稍微给你解释一下：感恩练习的基础是接纳，而非否认、漠视或压抑自我真实的感受。如果你愿意的话，我们可以先一起看看练习的技巧。"

毓婷："好的，那我觉得可以先试试。"

毓婷练习的核心，是在自我觉察基础上去接纳自己的痛苦，但同时主动唤醒、关注过去一直被她忽略的一面——美好的一面，并用感恩的态度去重温这些美好。

经过数周的练习，毓婷突然感受到了母亲的变化："现在我跟妈妈在一起时，好像心里温暖了许多。前天，我们俩聊天时，妈妈突然自己说起在我小时候做的一件事，说她当时错了。天哪，我都不知道发生了什么。"

毓婷不知道，感恩不仅能改变自我，让我们逐渐摆脱受害者心态，开始积极行动，同时它也会改变我们身边人的生活。当我们的攻击性降低、敌意降低、防御解除时，他人会做出同样的改变。在爱中，我们更容易承担各自的责任。

近年来，感恩的价值不断被研究揭示。2012年，一项研究表明，感恩人群比其他人更健康，更少遭遇身体痛苦。罗伯特·A.埃蒙斯博士的几项研究发现，感恩能有效地增强幸福感，减轻抑郁问题。2012年肯塔基大学的一项研究显示，感恩可以激发同情心，降低个人攻击、侵犯欲望，即便他们遭遇不友善对待也是如此。此外，还有研究呈现：感恩可以改善睡眠质量；让人拥有更好的人际关系；面对挑战时更有耐心，更少烦躁、易怒表现；有助于控制饮食；等等。

沃特金斯于2003年的研究指出：感恩的产生与内部控制呈正相关关

系。因此，我们只要愿意，就可以通过培养感恩意识，去追求更美好的生活体验。

研究推送

感恩习惯培养研究

美国加利福尼亚州州立大学多明戈斯山分校的心理学家选取了700名10~14岁的学生，逐一评估他们的感恩之心，随后进行为期4年的追踪调查。结果发现，那些对父母的养育、老师的培养充满感激之情的孩子，对生活的满意度更高，心情更愉悦，而且他们的行为更加检点、规范，很少沾染上抽烟、喝酒等不良习惯。这项在美国心理学会年会上公布的研究成果进一步指出，心怀感恩之心，会让青少年的消极情绪下降13%，意志消沉的发生率降低15%，违规行为减少9%，而对未来的美好期待增加17%，对生活的目标感提高15%。哪怕这些孩子在成长初期并没有太多的感恩之心，只要家庭和学校有意识地培养，他们就能从中受益匪浅。

但有时，调用爱的力量并不容易。因为在强烈的负面情感中，我们首先会追求与感受相匹配的信息与行为。在这种阻力下，要激发爱的力量并不容易。

爱与快乐的用途：带我们越过悲伤、愤怒、恐惧、羞耻、自责，带我们远离焦虑、抑郁，让我们收获幸福。

第四节　放松与好奇

我们还需要掌握一把新的钥匙，它能迅速帮助我们接纳并减弱情感脑的活性，让失能的理智脑重新开始工作。现在，让我们一起来了解摆脱感受困境的第四把钥匙——平静。

放松是种自然的能力，本来无须任何干预即可获得：当我们感觉身心疲劳时，我们会自动借助休息、睡眠来恢复体力和精神。

但在喧闹的现实刺激下，获得真正的放松变得越来越难。放松，日益变成一种习得性的技能。一些深陷抑郁、伴随失眠等问题的来访者，会时刻面对大脑里喧嚣的自我评判、指责等声音，这让他们逃无可逃，完全没有能力放松。绝望中，有些人会求助于自残行为。虽然在他人看来难以理解，但对自残者来说，这有可能是其获得平静与短暂放松的唯一机会。其实，与自残相比，我们有大量简单有效的放松途径可以选择。

小美求助的原因是失眠。"不知道为什么，我大脑里有无数的声音，晚上无法入睡，早晨起床后也昏沉沉的，干什么都不利索。别人跟我说句话，我要反应半天才能明白是什么意思。"虽然她为失眠而来，但在咨询过程中，她的焦虑表现得越来越明显。种种迹象表明，她已经丧失了自然放松的能力。

我："嗯，确实很难。时刻有很多噪声，脑袋昏沉沉的，反应慢。你能在众多的噪声中找到平静吗？"

小美："什么？我不懂！"

我："就是透过大脑的噪声和环境的噪声，去探寻背后平静的感受。"

小美:"我不明白怎么找,我找不到。"

我:"来,你跟随我的指令来做动作,"我引导她,"现在,慢慢地闭上眼睛,将你的注意力转移到呼吸上,关注气息从鼻孔慢慢进入身体,腹部随着气息的进入微微隆起,然后用嘴缓慢地呼气,注意把呼气节奏变慢拉长,注意呼气时气息流动的声音,注意腹部随着吐气开始慢慢地收缩……"

几分钟后,小美睁开眼睛:"天哪,我大脑里的声音少多了,就连眼睛感觉也清楚多了。我喜欢这种感觉。"

小美体验到的,就是放松带来的大脑的平静。在强烈的感受中,放松不会把正在经历的负性情绪变成正性,但它有机会将负性情绪归零,将我们从情感脑的掌控下解放出来,让理智脑重新发挥作用。

为什么呼吸调整有这样的作用?我们需要先了解身体的运作机制。

从生理反应的角度讲,我们的身体有两种工作模式:战斗—逃跑模式,消化—放松模式。在战斗—逃跑模式下,我们的交感神经系统高度活跃,压力素(如皮质醇等)快速分泌,血流速度加快,呼吸变得急促,血液迅速向肌肉部位集中,以应对可能的内外挑战。与此相对应,我们的大脑会自动切换到情感脑为主导的模式,视野开始变窄,时刻关注环境或内心中威胁性的信息,随时准备与之战斗……在这种模式下,我们的身心资源被迅速消耗。

这种危机应对模式,能让我们更好地面对外部挑战。但当这种挑战是来自内心世界时,我们将陷入持续高度紧张、无法有效放松的状态。大部分的失眠,都由此而来。当我们体内皮质醇含量持续偏高时,我们首先会遭遇大脑伤害:长时间、高含量的体内皮质醇激素能影响大脑的尺寸、功能、结构。比如,杏仁核神经元连接增加,活化度提高,我们更容易感到恐惧、焦虑；海马体神经网络被破坏，新生细胞减少，学习、记忆、压力调适能力开始变差；大脑前额叶神经元轴突连接减少，注意、判断、决策以及社交能力受到侵害；此外，大脑更容易遭受抑郁、阿兹海默症等问题困扰。

弗吉尼亚大学医学院一项研究表明，带来压力的思想和感受，会加剧那些导致慢性疾病的身体炎症反应，最终影响我们的免疫系统的健康。

与战斗—逃跑模式相对应的是消化—放松模式。在该状态下，我们的副交感神经系统高度活跃，心跳减缓，血管松弛，防御意识下降，我们的身体处于放松、恢复以及能量补充的状态中。这时，我们学习能力更强，工作效率更高，思路更加清晰而开阔。事实上，有研究证明，副交感神经系统的活力直接预示着我们的健康状态。

放松的益处，在冥想研究中逐渐被揭示。

比如新的影像学研究表明，通过冥想练习，11个小时就可以引起大脑的结构发生积极的变化。

马萨诸塞州总医院拉扎尔博士的一项研究表明，参加8周的正念冥想即可对大脑活动产生显著而积极的影响：他们发现海马区灰质密度增加，而这一区域在学习和记忆方面发挥着重要作用。另外，与自我意识、同情心和反省相关结构的灰质密度也有所增加。参与者报告的压力减少与杏仁核灰色物质的密度降低呈正相关关系，众所周知，这是焦虑和压力发挥重要作用的区域。

美国威斯康星大学的神经科学家理查德·戴维森发现，冥想会引发很多良性生理反应，比如交感神经系统镇定、血压降低、免疫反应增强等。同时，坚持冥想练习者虽然也会经历很多心理变化，但他们很少发怒，有强烈的怜悯心，认为自己更快乐。在冥想练习中，被试普遍报告说，他们脑海里循环不止的痛苦想法都消失了。

因此，放松是处理痛苦极为简洁的方案之一。虽然我们无法有意识地控制自主神经系统，但大量的实证研究表明，有意识的呼吸调整，比如腹式呼吸，可以有效地激活副交感神经，带我们进入平静状态。

在呼吸调整、冥想等技术之外，我们也可以借助肌肉放松、瑜伽等技巧让注意力回到当下，从而摆脱对过去的回想或对未来的焦虑。但对很多人来说，放松已成为一种奢侈品，回到当下几乎成了不可能的任务。

比如，一个正在陪孩子玩耍的父亲，如果他大脑里正思考着自己的工作，那么，他正远离当下；一个正在与妻子沟通的丈夫，如果他不是在倾听妻子的表达，而是大脑里思考着该如何回复，或者如何主导话题，那么，他也在远离当下；一个在公司会议上想要发表建议的员工，如果他大脑里闪现出"万一被人嘲笑怎么办？万一老板对我的建议不喜欢怎么办"等念头，那么，他也在远离当下。

从哲学的角度讲，人类世界所有的痛苦，个人经历的一切心理折磨，都与陷入内耗导致的远离当下，无法获得内心的平静与放松有关。如果我们想有效处理自己面临的心理困境，放松是我们必须要掌握的一把最基础的钥匙。

有时，为了更好地利用这把钥匙，我们需要借助另一种更具影响力的本能力量——好奇。

与吃饭、喝水、睡眠等基本需求类似，好奇也是人的基本需求之一。

想想我们每天要花费多少时间用于搜集信息？想想为了满足我们的

信息获取需求而创造了多么繁荣的产业，如报纸、杂志、电视、广播、网络等。好奇不仅是我们学习的动力，也影响着我们的决策，决定着我们的健康。

作为人类最基本的底层需求，好奇在情绪管理中拥有巨大的影响力，它几乎有能力将我们拉出一切情绪困境，无论是原生情绪，如恐惧、悲伤、愤怒、厌恶，抑或是自我意识情绪，如羞愧、自责、内疚等。

近年来，关于好奇的研究日益增多，我们得以逐渐了解好奇背后的生理和心理变化机制。

加利福尼亚大学的研究者戴维斯领导的一项试验，运用脑成像方法研究好奇的大脑反应过程。研究发现，当我们的好奇感被激发时，大脑两个部位有明显变化：一是大脑海马体部位活动开始增加，这是我们学习、记忆的核心脑组织；二是大脑内与奖励和快乐相关的脑神经回路被激活，这让学习过程变得更愉快！

威斯康星大学麦迪逊分校的研究人员伊万·伯尔曼博士侧重研究了好奇对决策行为的影响。他的研究表明，唤醒好奇心，有助于被试做出更有利于健康的选择，比如做一些原本缺乏动力却更有益健康的选择：锻炼身体，多吃绿色蔬菜，等等。

对有些来访者来说，获得平静并不容易。在呼吸调整或冥想时，很多人会发现，自己的思维根本无法安定。这时，我们就可以停止练习，转而借助好奇的自然力量，去简单地观察正在发生的一切：发生了什么？我的身体感受是什么？这种感受源自哪里？它存在了多久？想传递给我的信息是什么？等等。

在单纯的好奇中，我们会远离过去的伤痛与对未来的焦虑，自然进入当下，平静也会随之降临。

> **放松与好奇的用途：** 有效管理愤怒、悲伤、恐惧、焦虑等几乎所有不愉快感受，有效应对几乎所有思维困境。

第五节 成长与收获视角

要摆脱内耗，注意灵活性不可或缺。

在爱迪生发明灯泡的过程中，据说记者采访时问他："你为什么不放弃呢？那么多人都失败了，你自己也失败了5000多次，为什么不干脆放弃？"爱迪生的答复是："谁说我失败了5000多次？我成功发现了5000多种无效的设计方案，这是一个巨大的收获。"最终，在失败了1万多次后，爱迪生成功发明了灯泡。

这就是注意力视角的力量——不存在所谓的"失败"，每一次经历带来的都是宝贵的收获与经验。

其实，在灵活的注意视角下，任何经历都存在不同的两面：丧失的一面与收获的一面。当我们选择性地关注其中一面时，我们的生活会随之发生变化。正如上面的记者，当他关注于5000多次失败时，他感到的是挫败与无望；与他相反，当爱迪生关注于5000多次的成长时，他看到的是越来越靠近目标的收获与希望。

注意视角对我们而言意味着什么？关于这方面的研究会越来越多。

意大利都灵大学医学院的生理学和神经科学教授法布里奇奥·贝内德蒂的一项研究，从另一个角度证实了收获视角的疗愈力量。他与同事一起，针对胸腔手术病人的术后疼痛感做了研究。在术后一小时手术麻醉效果消失后，手术造成的剧烈疼痛感会出现。医生会为病人注射药物止疼。在注射止疼药时，贝内德蒂教授与同事做了些细微调整：一半病人由医生在病床旁注射，另一半的病人由提前设置好的程序自动注射，两组患者药物注射量完全相同。

结果，相同的注射量，在采用不同的注射方式后，患者的感受却截然不同：看到医生为自己注射止疼药的一组病人，疼痛迅速减弱；而另一组并不知道自己被注射了止疼药的病人，疼痛减弱速度变慢。在后期关于焦虑症患者、高血压患者、帕金森患者的类似研究中，都得到了相同的结果：能否注意到自己的收获，决定着我们所感知到的疼痛程度。

哈佛大学克鲁姆博士与兰格教授针对7家不同酒店的84名房间清洁人员做了另一项研究：注意视角的改变对她们意味着什么？

这些清洁女工有一个共同的特征：当被问到每天是否会锻炼身体时，她们的回答是"没有"。其实，她们每天对房间的清洁工作，就是良好的运动。

克鲁姆博士首先测量了这些女性清洁人员的体重、血压、体脂率、对工作的满意度，然后将她们分为两组。第一组，研究人员为她们进行了15分钟的讲解：用一系列的数据让这些清洁女工相信，她们的工作就是很好的运动，而每天运动带来的那些健康益处她们都会拥有。第二组，研究人员则不做任何干预。

4周后，研究人员对所有被试进行第二次测量，结果显示，注意到并相信自己的工作就是很好的运动的一组，体重下降，血压下降，体脂率下降，对工作的满意度更高；而另一组，则几乎没有变化。

该实验再次说明：改变注意视角，将带来一系列身心变化。

斯坦福大学卡罗尔·德韦克教授是思维模式研究领域的领先人物，在几十年的研究中，她发现人有两种基本思维视角：成长视角和固定视角。这两种思维视角，可以互相转化，但影响截然不同。

让我们先了解一下固定视角。一个拥有固定视角的人，相信自己的品质、智力、天赋、能力等都是固定的，是不可改变的。对他们来说，变化的生活更容易唤醒恐惧。比如，我看起来是否聪明？犯错是否会改变我的名声、改变他人对我的看法？我是不是不像别人希望的那样足智多谋，会不会让他们失望？

在这种恐惧中，他们会逐渐远离挑战，远离失败，远离一切不确定性。但生活本身就充斥着挑战、失败和不确定性，因此，这种视角很容易导致内耗：无法面对真实的生活，遭遇持久的痛苦。

与固定视角不同，拥有成长视角的人，认为自己的品质、智力、天赋、能力等都是可以培养、可以发展的，面对生活的挑战，他们感受到的并不是威胁，而是难得的成长、进步的机会。在遭遇失败时，他们知道这是成长的一部分，因而能从中找到收获，从而在下一次挑战中表现得更好。

卡罗尔·德韦克教授总结自己和同事几十年的研究结果，认为成长视角与固定视角是可以互相转化的。一个拥有成长视角的人，可能会因为年龄、地位的变化而变成固定视角，但成长视角是个人心理灵活性发展以及个人成功的关键。

在成长视角之外，我们看一下另外一个研究——收获与丧失模型研究。2002年，丹尼尔·卡内曼教授因为该研究对决策领域的重要影响被授予诺贝尔经济学奖。

> 试 验 推 送

丧失与收获视角对决策的影响

1981年，普林斯顿大学丹尼尔·卡内曼教授和阿莫斯·特沃斯基用一个试验呈现了被试对收获、丧失信息的反应。

试验者假设了一个情境，要求被试为600名感染了一种致命疾病的患者在两种治疗方案中做出选择。如果采用方案A，预测会造成400人死亡；如果采用方案B，有33%的概率能救活所有人，但也有66%的概率会导致所有人死亡。然后，信息被以丧失（如多少人会死亡）和收获（如能救活多少人）两种不同的表现形式呈现给被试。

模型	方案A	方案B
收获模型	救活200人	33%的概率能救活所有人，66%的概率一个都救不活
丧失模型	400人会死亡	33%的概率没人会死，66%的概率所有人都会死亡

试验结果：当呈现收获型信息时（能救活200人），72%的被试会选择方案A；但如果呈现丧失型信息（400人将会死亡），那么方案A的选择率将迅速下降到22%。

丹尼尔·卡内曼据此提出：我们的思维模式会受限于丧失模型，并因此做出糟糕的决策。他以股票市场的买卖为例：对大多数人来说，会选择卖出盈利的股票，而保留亏损的股票。但专业投资人都知道，这种决策是最糟糕的。

这一系列的实证研究表明：关注成长而非丧失的心态，会让我们更好地面对挑战，做出更明智的决策，取得更大的成功。

为什么成长与收获视角具有改变感受的力量呢？原因很简单，与爱、好奇、放松等一样，成长、收获建立在爬虫脑所掌控的人类基本需要之上。关注并满足我们的需要，可直接影响并改变当下的感受。

> **成长/收获视角的用途**：提升个人表现水平，有效管理失败、丧失、无助、无力等不愉快感受。

第六节　接纳与前进

在咨询中，面对悲伤的来访者，我们常能发现这样一个现象：很多人会下意识地否认诱发悲伤的事实。

"我真不敢相信这是真的。"

"我觉得他没有离开，也许有一天他会突然回家。"

"我无法接受这一切，这不是真的。"

当我们在真相面前捂住眼睛或故意视而不见时，我们就无法有效处理丧失以及由此带来的恐惧与悲伤。这种否认的结果，使来访者的悲伤与痛苦更持久。与悲伤者的否认不同，深受焦虑困扰的来访者，则会努力逃避能诱发焦虑的情形。

一个高中生告诉我："我一到学校，就浑身不舒服，我觉得自己快崩溃了。我想休学一年，但我妈妈就是不同意，我快被她逼疯了。"

一个高三的孩子告诉我："快高考了，但我常常被一些念头弄得走神，注意力分散。我拼命想控制它们，但效果很差，有时候我需要两三个小时才能摆脱，严重时我可能会被它们以及糟糕的情绪困上一整天。"

面对自己恐惧的情境，这些来访者会本能地选择成长中逐渐习得的控制式的处理方式。可惜，在实践中，我们很难见到在控制中自然康复的来访者。比如，一个因感情伤害而开始暴饮暴食的女孩，可能很快会发现：感情伤害依然存在的同时，体重的伤害又出现了。一个因为被同伴欺凌而休学的孩子，可能很快会发现，自己不仅没有走出痛苦，反而开始丧失原有同伴的支持，并持续怀疑自己的学习能力和对未来的希望……

几乎在每一种心理困境中，我们都能发现这样的事实：否认、逃避、压抑、漠视等引发内耗的控制式解决方案，会很快背离我们的初衷，成为新的问题。

因此，要想真正摆脱痛苦感受，重建个人心理灵活性，我们需要掌握有效处理感受的第六把钥匙：接纳与前进。

接纳是什么

说到接纳，很多人会困惑：接纳不就是要让我接受挫折，放弃抗争，变得听天由命吗？这种消极的世界观能帮到我吗？

这是对接纳最大的误解。

所谓的接纳，不是被动接受。恰恰相反，接纳是一个主动的过程，它意味着我们清晰地感知到发生了什么，但我们没有据此做出评判，没有考虑自己喜欢或不喜欢，想要或不想要……接纳就是"我看到，我知道，我觉察到"。

关于接纳，可见的专业指导非常多。在我看来，其最核心的一点，是放弃分析、判断、预测、假设、推衍等思考过程，放弃对自我感受和需求的压抑、控制，放弃对行为选择的纠结、犹豫，只是单纯地去觉察发生了什么。

如果你觉得这种说法有些抽象，那么来试试下面这个简单的操作：

当我们遭遇不愉快的感受时，通常的做法是逃避或战斗，比如，"你不能这样，你要赶紧逃离，你要控制住自己……"

现在，我们换一个方法，当不愉快的感受或思维来临时，试试深吸一口气，闭上眼睛，慢慢地呼气，然后慢慢吸气、呼气，再慢慢地吸气、呼气（你可以使用腹式呼吸或单纯的深呼吸方法），然后试着去觉察自己的感受，比如肌肉紧绷，胃里像有一只蝴蝶，心怦怦地跳动，或者是某些思维，如"我想购物"或"我想喝酒"，试试放弃评判，放弃控制，放弃逃避，仅仅是观察它们。或者，观察的同时用一句话将它们表达出来：我有一个想法，我想……

一位焦虑症患者曾问我：当那些令我恐惧的想法出现时，如何才能做到你说的接纳或者爱？我做不到啊。

其实，想法和对想法的评判是截然不同的两个概念。当我们放下评判，专注地去观察、感受想法时，接纳就自然出现了。所以，接纳可以非常简单：去识别并表达自己的感受，带着好奇去平静地觉察生理和心理的变化，这就是接纳。

在观察中，一个念头会自然涌现出来：然后呢？我现在要做什么？

这时，选择的机会重新出现了："我想过什么样的生活？"——在这种选择中，我们再度掌控了自己的生活，而非被感受左右自己的行为。

明确价值并追求有意义的生活

你想过什么样的生活？

人本主义大师马斯洛的需求层次理论，展现了通常情况下个人的需求变化：从满足最基本的个人生存、娱乐需要，逐渐上升到追求人际认可、追求个人价值、追求造福社会与他人的生活上。

大量研究指出，如果我们能跳出对自我感受的关注，去追寻有意义的生活，不仅对我们的身体健康有利，对精神健康、大脑认知与执行功能、记忆力、寿命甚至基因都会产生益处。美国西北大学一项新的研究甚至得到了一个意外的收获：有意义的生活，会让人睡眠质量更好。

但是，在困境中，想要向着正确的价值观前进并不容易。

前面我们已经提过：当情感脑获得身体的掌控权时，我们会更多倾向于选择有短期收益的行为，如获取即时刺激、享乐，或让自己轻松些就是我们的目标。即时选择最大的问题，就是很容易让我们背离自己的价值观。

从很多来访者身上，我都能看到这种背离价值的行为选择。比如一个声称"我是为你好，你必须这样做"的妈妈，她爱自己的孩子，其核心价值是帮助孩子发展其各项能力。但她的高控制行为，本质却是在阻碍孩子成长。

在抑郁状态下，理智脑会指导来访者，你应该这样做，不能那样做；但在情感脑的掌控下，来访者很难遵循理智来行动，更多时候，他们会顺从于糟糕的感受，让自己远离社交，远离身心锻炼等能带来有益改变的行为。而这又会进一步强化抑郁中常有的"我很糟，我什么都不行，什么都做不到"等自责、羞愧的感觉。

在夫妻矛盾中，妻子或丈夫想要亲密的关系，但是惧于对方冷冰冰的伪装，他们通常会隐藏真实的感受与需要，选择逃离冲突或不快，而非积极地去改善彼此的关系，这只会导致进一步的疏远。

当然，"那我要做什么？"这个接纳后自然浮现的问题，不会改变我们糟糕的感受，但它可以激励我们带着不愉快的感受去追寻自己真正想要的生活。

在不快中依然保持趋向正确价值观的行动能力，这是掌控自己人生的最佳手段。

调整时间观

在接纳与前进方面，菲利普·津巴多教授首创的时间观疗法，是一个非常不错的应用工具。

咨询中，我们经常会发现，一些来访者的思维很难停留于当下——他们或者长期沉浸于悲伤的过去，或者持续焦虑于未来的风险。而时间观疗法，就是要解决大脑由于时间偏差而遭受的痛苦。

津巴多教授认为，我们的时间模式可以分为六种：消极的过去、积极的过去，宿命的现在、享受的现在，焦虑的未来、充满希望的未来。在几十年的研究中，他发现，最优的时间模式是拥有积极的过去，适度享乐的现在，以及积极而充满希望的未来。当我们的思维陷入消极的过去、宿命的现在，以及焦虑、绝望的未来时，我们往往会遭遇严重的心理困境。因此，他提出，向着最优的模式调整我们的时间观，会有助于解决心理困境。

这一理论，首先在美国退伍军人创伤后应激障碍治疗中得到有效验证。一项针对创伤后应激障碍患者3年半的干预研究显示，那些几十年无法摆脱困扰的患者，在接受了新的时间观疗法后，87%的患者报告症状消减，100%的患者降低了自己的抑郁等级。

此后，时间观疗法在焦虑、抑郁等咨询实践中，也得到越来越多的验证。

因此，如果你有被家暴、被虐待、遭遇重大事故等不为人知的痛苦过去，如果你会长时间陷入过去的痛苦以及未来的焦虑难以摆脱，那你可以考虑使用时间观疗法解决自己的困扰。

自豪与羞愧，沮丧与悲伤，爱与快乐，放松与好奇，成长与收获视角，接纳与前进，这就是我在实践中总结出的有效处理各种内耗的六把钥匙。

下面，让我们看看如何将它们用于解决现实中的问题。

过去 / 将来痛苦处理技术

时间观疗法

第一步，自我觉察：重新考察自己的生活。比如，我的思维、生活处于哪个时间段？是过去、现在，还是将来？不同时间段里的感受，是积极的，还是消极的？在考察中，界定出自己惯用的时间观模式。

积极的过去　享受现实　积极、充满希望的未来

消极的过去　　宿命论　　现实 充满焦虑的未来

对有些人来说，自我觉察并不容易。此时，他们可以将思维观察、呼吸调整等练习作为辅助技术。

第二步，感受挖掘：向着最优时间观调整。假如你脑海里有太多消极回忆，那么试着挖掘被忽略的积极的一面，试着看到自己成长的一面；假如你对现实是听天由命的态度，那不妨给自己安排些娱乐活动，如看日出，在公园里散步，与朋友聚会等；假如想到未来你充满焦虑与迷茫，那么试着思索自己内心渴望的生活，并尝试做出计划去实现这种生活，如安排一次旅行，拜访曾经的朋友，或其他与你的长远目标相符合的活动。

值得注意的是，这种挖掘并非要否认我们之前的感受，而是在拥有所有不愉快的同时，依然可以寻找到被忽略的真相。

第三步，调整时间观：当消极的回忆占据脑海时，告诉自己，"哦，我陷入问题时间观了，我可以接纳这一点，但我也可以做出调整"——迅速让积极的回忆取代它们；当在现实中感受到绝望、无能为力时，感恩、分享生活中的点滴美好，去参加一些有意义的人际交流；当对未来充满焦虑时，将思绪拉回现在，并做出未来规划。

🌿 Tips

通常，我们习惯于让知识停留于理智层面，读书、学习皆是如此。值得一提的是，本章提供的停止内耗的六把钥匙，并非理智层面的概念，而是无意识层面的反应模式，是下意识的行动习惯。所以，要想启用这六把内在的钥匙，我们需要日复一日的行为练习。离开了有效的练习，这些钥匙很难打开希望之门。

🌿 练习吧

1. 现实生活中，你会拒绝体验沮丧、羞愧、悲伤等不愉快感受吗？试着想一想，这些不愉快的情绪究竟想向你传递些什么信息？

2. 你能讲讲"不恰当的夸奖为何会诱发持续的内耗"吗？

3. 你能在自己的生活中，每天找出两到三个感到自豪的时刻吗？拿个本子，每天将它们记录下来，并重温当时的自豪体验。试试坚持一个月，看看自己的生活会发生什么变化。

4. 当你犯错时，你是如何对待自己的？说说为什么自责、羞愧、自我伤害等行为无法改善你的表现。如果想让自己表现得更好，你需要对自己做些什么？

5. 当一切都不如意，一切都显得很糟糕时，你知道如何寻找收获感吗？

（1）你能注意到自己已经陷入了痛苦的感受吗？

（2）你能注意到自己被感受掌控的时间是更长还是更短了吗？

（3）你能注意到自己的行为是更失控还是更可控的了吗？

（4）你能注意到，自己觉察到感受变化的能力，是增强了还是更弱了吗？

（5）你能用全新的、有效的行动面对不愉快的感受吗？

6. 看过了本章，你是如何理解接纳的？下面哪个观点是正确的？

（1）接纳就是一种自我控制的方法，要求我们不去管发生的一切不如意，继续做自己该做的事情。

（2）接纳就是一种意识，它要求我们在内心告诉自己要"放下"，要"不在乎"，要接受当下的一切好与不好，不闹、不吵、不战斗。

（3）接纳是一种持续的行动，它不是让我们在意志上做任何的努力或控制，而是指导我们关注正在发生的一切，这种关注就是接纳。

（4）接纳就是认命，接受我们不得不接受、无力改变的一切。

第四章

摆脱思维困境

思维是我们认识世界、改造世界的工具，但同时，它也是让我们陷入内耗，引发或放大一切痛苦感受的根源。

专注于情绪研究近30年的美国神经心理学家巴雷特博士认为，情绪不是大脑神经电路的产物——大脑中没有所谓的情绪神经电路——它是我们思维过程的产物，情绪是我们自己制造的。

很多时候，我们以为痛苦是内外刺激的结果，比如升职失败、被他人拒绝、丧失亲人等。但实际上，面对同样的刺激，不同的思维模式、观察角度会带来截然不同的感受。大量研究表明，刺激背后，不同的思维才是导致感受不同的决定性力量。

比如，早晨起床，我们可能会感到心跳加速、掌心出汗、肠胃搅动，这时，我们的大脑会快速运转来寻找可能的原因：比如工作太烦，又要开始紧张、无聊的一天，这让自己感到紧张；或者还有很多让我们恐惧的事情需要面对……在这种大脑快速运转中，我们的身体感受一旦被赋予了消极的理由，我们就真的会感到越来越强烈的糟糕、恐惧、悲惨……这就是思维通过预测未来制造情绪的过程。但如果我们能换一种解读方法，也许会发现：我们的身体之所以会有那些感受，是因为它最近过于疲劳，或遭遇了病痛，与我们大脑预测的痛苦毫无关系。

所以，痛苦处理的第一步，是有效处理思维。

接纳承诺疗法的创始人史蒂文·海耶斯教授曾分享自己的一段经历。他受邀在斯坦福大学面对众多专家发表了一个重要演讲。晚上，他回酒店休息。但夜里两三点钟，他突然从睡梦中惊醒："天哪，我怎么能犯这么低级的错误？怎么能把一个重要数据从百万错误地说成了10亿？这真是太蠢了，太丢人了！在这么重要的场合……"很快，他再也无法躺在床上。于是，半夜两三点，他穿着睡衣，开始在酒店的房间里徘徊，不停地自责，为自己的表现羞愧……

很显然，海耶斯教授在演讲时弄错了一个数字，这是痛苦的本源。但这样一个错误却一直没有诱发任何负面感受，为什么？因为此时思维并没有关注这个问题。

那是什么导致了海耶斯教授在深夜的痛苦？是出现了新的现实刺激吗？显然不是。半夜痛苦的根源，已不再是现实错误，而是思维层面的注意、评判，以及由此带来的羞耻感——这就是思维的力量。遭遇苦难时，我们会经历现实痛苦；但在现实痛苦之后，我们所经历的将只有思维痛苦。在思维面向错误、失败等过去的经历，采用定向聚焦式的注意、回忆、反思、假设、推衍、评判等过程中，我们会一遍遍经历与现实体验相同，甚至剧烈程度更严重的思维痛苦。

对海耶斯教授来说，深夜的徘徊伴随着的是脑海中持续不断的提醒与敲打："羞愧！愚蠢！尴尬！丢脸！……"到最后，"愚蠢"一词成了压倒一切的力量，在他的脑海里不断地高声叫嚣。

困境中，很多来访者会抱怨自己有失眠、头昏脑胀、注意力不集中、记忆力下降等问题，首要的原因就是自动化思维的困扰——发生在大脑里的一切都无法逃避，那些喧嚣的声音无时不在、无处不在。如果缺乏思维处理的有效技巧，来访者就很难看到疗愈的希望。

那么，我们如何才能摆脱思维痛苦呢？

对此，很多人会习惯性地认为思维处理只需要"不要想那么多"或者"控制住自己",甚至很多专业人士也会建议"想开点儿""不要那么纠结""没什么大不了的""不要为难自己"……正如披头士乐队的约翰·列侬在《明日未知》歌词里写的:"停止思维,放松下来,顺流而下……"

但现实很残酷,我们的大脑没有"暂停"键。这些自我对话或建议,没有处理思维困境的能力;更多的时候,来访者在努力尝试却依然无法控制思维时,会开始新一轮的自责、内疚,开始进一步否定自己,从而陷入新一轮的自我伤害。

什么才是思维处理的有效路径?在《思想的局限》中,作者克里希那穆提明确指出:要解决思维带来的痛苦,我们首先需要明晰思维活动的过程,只有了解了这个过程,我们才有机会寻得真正的心灵自由。

这里,让我们一起来看一组心理学试验,这样会更容易理解生活中痛苦、快乐的真相,以及如何行动才能有效摆脱困境。

近年来,戴维等很多心理学家研究发现,父母消极的认知倾向,比如关注孩子的缺点,忽略孩子表现优秀的一面,会影响他们的养育技能,并会造成心理问题的代际传递。为了解决这些父母的问题,并处理他们的孩子出现的内隐或外显行为问题,心理学家开始针对这些家长提供全新的注意偏见干预训练课程ABM(Attention Bias Modification)。

巴比什·波雅依大学临床心理学和心理治疗部门的奥纳·A. 戴维教授与其同事,也围绕注意偏见干预训练研究,推出了自己的一套线上干预研究项目。在第一项研究中,有42名家长参与,他们的孩子年龄为2~12岁;在第二项研究中,共有53个家庭参与项目。

该研究训练的核心是让家长每天抽出15分钟时间,在电脑上按照要求选择具有积极表情的照片,相应地忽略那些展现出愤怒等不愉快表情的照片。研究发现，网上训练仅仅坚持一个星期后，家长们就普遍反映，孩子表现得更好了，而自己原来在亲子相处中感受到的焦虑、抑郁、不快等情绪也都迅速减少。实际上，研究人员发现，孩子表现更好、问题行为更少不是家长被诱导后错误的感知，而是孩子的行为表现真的在发生积极的变化！

注意偏见干预训练课程的效果清晰地表明：参与实验的家长之前非适应的注意、评判倾向会导致其在亲子关系中产生痛苦，而调整后的适应性思维练习大幅减少了痛苦。所谓"成也萧何，败也萧何"，思维可以伤害我们，同样也可以保护我们。

大量的临床心理咨询实践证明，要重建心理灵活性，摆脱心理困境，在重建注意灵活性之外，我们需要掌握有效的思维处理技能。

第一节　思维内耗的五种表现

在咨询实践中，我们发现有五种不同的思维痛苦会折磨来访者。它们分别是：创伤性记忆重现——思维闪回；对过去的消极反思——思维反刍；各种念头连续不断——多思；自我被概念固化——标签化思维；以及思维唤醒的各种冲动、欲望。

创伤性记忆重现——思维闪回

所谓思维闪回，指的是我们遭遇了严重的个人伤害，如被羞辱、被拒绝、身体被侵犯，以及车祸、灾难等重大事故后，我们的思维会不受控制地再次出现伤害发生时的场景，我们的身体、情绪会重新体验经历过的强烈的伤害。

对过去的消极反思——思维反刍

耶鲁大学的心理学教授苏姗·诺伦-霍克西玛第一个从事思维反刍现象研究，她把反刍思维定义为一种非适应性的应对方式，认为它是一种被动、重复的思考负面情绪、专注于抑郁症状及其意义的无意识过程，包括专注于将注意力放在他的消极情绪和这种情绪可能带来的结果的行为或想法上。

库勒、诺伦-霍克西玛等研究者发现：一些反刍的个体会隔离自己，使自己处在抑郁症状中并担心这些症状可能带来的后果。当个体在生活中遭遇负性事件时，他总在想："这是为什么呢""我总是这样想很多""我无法控制我的思想，没有办法集中精神来做事情"……这种对所遭受事件的原因、结果和对事件的感受进行的无法控制的重复性回想，不但不利于事件的解决，反而使个体再次陷入消极的情绪和行为中。

各种念头连续不断——多思

在心理学领域，多思是问题行为。它代表的并不是谨慎思考能力，而是一种念念相续不断的推衍。本质上，它是恐惧、迷茫与不安的外在表现。

比如，在路上遇到一个熟人，可对方没与你打招呼，这时，如果你的脑海中出现诸如此类的念头：他没跟我打招呼，是不是我做错了什么；是不是他对我有什么意见，不喜欢我了；如果他不喜欢我，那我该怎么办；是不是那天我说的话冒犯了他？如此，你就是遭遇了多思的困扰。你如果不能有效处理失控的思维，生活就会变得困顿不堪。

标签化思维与认知融合

对事物进行分类，是我们认知世界的重要手段。但这种分类化思维方式最大的问题是，它很容易变成标签化思维——这会让我们的思考过程变得简单粗暴。

对社会来说，标签化思维是人类文化冲突的根源。

泰吉弗尔做过一项英国青少年偏爱试验，在试验中，他武断地将被试青少年分成了两类。结果，这一简单的分类，对随后的试验进程产生了严重影响：被标记为同类的学生，彼此认同增加，甚至有可能为了同类而牺牲自我利益；但面对不同类的学生，他们却表现得冷酷而具有攻击性。

耶鲁大学凯伦·维恩所做的婴儿试验也发现了标签的影响：当婴儿发现面前的玩偶与自己喜欢相同的食物时，他们更喜欢这些玩偶；当他们不高兴时，他们则会惩罚那些与自己有不同食物喜好的玩偶。

对个人来说，标签化思维是自我伤害的缘起。比如，在犯了一个错误后，有些人会说"我真蠢"，或者"我就是个失败者"，或者"我什么都做不好"，这种表达意味着自我与负面标签相融合，一定会伴随着对自我的厌弃或惩罚等行为。

思维唤醒的冲动与欲望

与上述四种思维困境不同，有时，思维还会唤醒行为冲动或内心渴望。比如，烦躁时，有人会想"太烦了，我想喝杯酒"。对普通人来说，如果缺乏有效的处理技巧，就很容易被某些冲动、欲望左右自己的行为。

在生活中，稍加留意我们就会发现：思维唤醒的多是不愉快的记忆与感受，而那些快乐，则很容易被我们遗忘。为什么思维会有一种自动聚焦不愉快刺激的倾向？让我们一起来看一个简单的心理学试验。

20世纪20年代，德国心理学家B.B.蔡格尼克进行了一项试验。她给所有的被试提供了22项简单的任务，如写下一首你喜欢的诗、从55倒数到17、把一些颜色和形状不同的珠子按一定的模式用线穿起来等。

在试验设置上，完成每项任务所需要的时间一般为几分钟。但在被试完成任务的过程中，有一半的任务没有完成就被试验者打断，然后开始下一项；而另一半的任务，被试都被允许顺利做完。允许做完和被打断的工作出现顺序是随机排列的。做完所有任务后，出乎被试意料，试验者让被试立刻回忆他做了22件什么工作。结果，未完成的工作平均可回忆率为68%，而已完成的工作只能回忆出43%。

据此，蔡格尼克得出结论：人们对于尚未处理完的事情，比已处理完的事情印象更加深刻。因此，这种现象被称作"蔡格尼克效应"。

蔡格尼克效应完美地诠释了为什么初恋更令人难忘，为什么悲剧更打动人心。就像海耶斯教授半夜会被一个错误的数字惊醒一样，与喜悦、幸福等完美的感受相比，我们的思维更喜欢关注失败、羞耻、孤独、丧失、悲伤、背叛、愤怒、被拒绝等不完美、未完结的感受。我已经介绍过用品尝胡萝卜代替巧克力蛋糕的意志力研究试验，受困于思维世界意味着我们的意志力同时会被内耗大量浪费，而这将迅速降低我们应对挑战的能力。

因此，如果你正遭遇思维困境，如果你正聚焦某种不快，记住，这是大脑的正常反应，是一种近于本能的习惯。要想处理这种问题，有效的方案不是命令自己"不要想这么多，不要这么想"，或者鼓励自己"我能（我需要）更好地控制自己"，或者羞辱自己"你真没用，怎么那么喜欢胡思乱想？"——它们只会消耗宝贵的身心资源，并让你更加羞愧，更无法摆脱困境。

要走出内耗，摆脱心理困境，真正能帮你的是有效利用我们前面提到的多把钥匙，如接纳、好奇、放松、正确价值观行为等。下面，我们针对思维中的五种问题，分别介绍实证有效的处理方案。

第二节　创伤性场景重现

汶川地震10年后，李涛提起女儿还是泪水纵横："闭上眼睛就是女儿去世时举手护头的样子。"那悲伤的一幕，犹如石刻般清晰地留存于他的脑海中。

与李涛不同，阿静只是一个高二女学生，由于上初中时曾遭遇一年多的校园暴力，她陷入抑郁，有过自残行为，也多次萌生自杀念头。"每当感觉生活要变好时，我总会迎来一次绝望。虽然我已经离开了当时的环境，也上了高中，但学习对我来说变得越来越难——我完全控制不住自己，大脑里经常会出现她攻击我、说我丑、嘲笑我胖时的白眼和不屑的神情,然后我的身体会出现冒汗、发抖、呼吸急促、难受等反应。我不愿意这样,但我怎么都控制不了。"

李涛和阿静所遭遇的,就是在经历过巨大痛苦后无法控制的思维闪回:他们的思维反复闪回到灾难事件发生的现场,重温当时的一切,包括当时真实、痛苦的情绪体验和生理反应。对于很多人来说,这种痛苦场景再现的问题不仅在于它会重新唤醒过去的伤害,还在于它诱发了强烈而持续的痛苦,在痛苦中,抑郁、焦虑等问题接踵而来。

如何让思维停下来呢?

在咨询实践中,很多专家为了解决问题,会帮助来访者挖掘过去的记忆,或者宣泄过去的伤痛。或许这对有些人有益,但研究表明,关注不完美、揭开伤疤,对很多来访者来说意味着新的伤害和更多的依赖,而非真的疗愈。

在这一被动回忆的过程中,很多来访者如同怒海中的一叶小舟,进一步丧失对生活的主导权,移情、恐惧、虚假的进步等问题不断显现。大量的心理来访者历经多年咨询,却依然无法摆脱心理问题的现状告诉我们:持续多年的传统心理分析、成长疗法,以及情绪宣泄疗法在帮助来访者重建心理灵活性的效果上是值得怀疑的。

在挖掘、宣泄以谋求自我成长疗法之外,也有很多咨询师会帮助来访者觉察自己的思维,练习辨认其中不合理、不可信、消极的念头,并通过辩驳的方式进行处理。2018年,康涅狄格大学的科学家发布了一项针对300多名焦虑症患者的10年跟踪研究报告:无论是使用药物治疗,还是用认知行为疗法干预,还是两者结合使用,都只有20%的被试能保持健康,另外50%的患者至少发作了一次,甚至30%的人发展成长期性焦虑。如此看来,自我战斗式解决方案很难得到长期、理想的干预效果。

从业20多年的临床心理咨询师盖伊·温奇博士在自己的专著《情绪急救》中讲述了一项认知干预研究。在该研究中，可能会出现抑郁症状的大学生被分成两组，其中有的接受传统疗法，有的接受认知治疗。治疗计划结束后，研究者会立即评估被试的抑郁水平，4个月后，再做第二次评估。结果，在掌握并练习认知调整技术后，具有高度反刍倾向的被试比接受传统治疗的被试有更强的抑郁感。这种伤害，在4个月后的第二次评估中依然明显。

大量来访者咨询的实践都表明一件事：引导来访者关注、表达消极思维，帮来访者练习与这些思维持续辩驳、战斗，去谋求战斗的胜利，可能会让他们更加痛苦，让他们更难摆脱困境，而非相反。

那么，面对伤害巨大的思维闪回，更有效的处理方案是什么呢？我们先来看一组心理学实验。

2008年，威尔森和吉尔伯特研究认为，当一个人表达和分析不愉快的经历，或重新体验自己的感受、想法和动机时，能获得幸福感和身心健康；但另外几位学者，如史密斯和艾罗伊的研究结论则恰好相反：个体通过问自己"为什么"的方式进行反思，不仅不会改善情绪，反而会加深负面情绪的程度。

为什么同一种行为会产生截然不同的两种结果？2010年，加利福尼亚大学的阿依达克和克罗斯发布自己的研究报告，认为核心问题在于回忆时的视角不同：当我们将自己重置于记忆的场景，犹如重温当时的伤害时，这是一种自我沉浸视角，如此便会带来伤害；当我们像坐在沙发上看电影一样，从第三方视角来观察发生了什么时，这是自我疏离视角，会带来真正的疗愈。

事实上，在他们发布报告前后，他们自己和其他大量研究人员在各自的试验中都验证了自我疏离视角对情绪处理的积极意义，比如，能显著减少重度抑郁患者的负面情绪，能减少负性事件引发的愤怒、攻击性想法甚至攻击性行为，能够降低个人的焦虑感，能让个人推理及决策更明智，等等。

思维闪回处理技术

自我疏离四步观察练习法

1. 暂停：当记忆中痛苦的情境不请自来，感受迅速变糟时，放下手上正在做的事情，找一个舒服的姿势站好或坐好。

2. 深呼吸：做腹式呼吸放松练习。从吐气开始，慢慢收缩腹部，呼出体内的空气；当腹部无法继续收缩时，自然地转成吸气，用鼻子慢慢地吸气，腹部自然隆起，然后慢慢吐气，同时收缩腹肌，再用鼻子深深吸气，然后缓缓吐出……保持呼吸调整3分钟。注意保持平稳的呼吸节奏。

3. 重新观察：继续保持深呼吸，然后闭上眼睛，想象自己再次回到了痛苦发生的现场。只是，这一次自己不再是当事人，而是一位旁观者，想象自己站在场景外，看到了事件发生时的自己，也看到了周围的环境。在想象中慢慢向后退，让自己保持在视线内，同时注意到更多的背景信息。试着像观看一场演出或一部电影般，重新观察当时发生的一切。（你如果愿意，可以想象自己一个人坐在电影院的正中间，而当时发生的一切正在大银幕上上演，你能看到银幕上的自己，也能看到周围丰富的环境信息。）

4. 回归当下：继续保持深呼吸，当你发现反刍带来的糟糕感受逐渐消退时，慢慢睁开眼睛，回到当下。然后继续做之前被打断的事情。

练习注意事项

1. 请保持平稳的呼吸节奏——呼吸练习的核心是节奏要平稳。如果可能的话，呼气速度尽量放慢。

2. 在用自我疏离的第三方视角进行观察时，如果发现自己再次被卷入场景，变成了第一视角而非旁观者，那么简单地告诉自己："我能作为旁观者进行观察"，注意不要与自我战斗，然后继续进行练习。

回到我们前面提到的来访者阿静。面对记忆中同学羞辱、嘲笑的面孔，她需要练习并掌握的第一个技巧，就是自我疏离。

在经历了3年多的痛苦后，阿静终于开始缓慢康复。经过短短两周的练习后，她惊喜地发现，那些丑陋的表情对自己的伤害不像以前那么强烈了："当它出现时，我不再感到心跳加快，肚子难受，紧张到想吐了。现在，我几乎可以平静地让自己面对那张脸了！另外，还有一件事让我很开心，不知为何，这张脸出现的次数比以前少多了。"

阿静的改变，同样被很多研究证实。一些针对身体指标进行测量的心理学研究显示，自我疏离的视角，能降低我们身体应激系统反应强度，降低心血管系统活跃度，让我们更少受到强烈情绪的伤害。同时，自我疏离练习一周后，回忆痛苦经历的次数，以及痛苦的程度都远远低于自我沉浸视角者。

所以，如果你曾遭遇家暴（无论是身体的、情绪的、语言的），如果你遭遇过校园欺凌、公众场所被羞辱，或者其他一些改变人生的重大事故，抑或你有不堪回首的过去，犯过无法原谅的错误，有无法言说的痛苦，如果你的思维因而时常闪回到被伤害或犯错的瞬间，那么，你可以尝试我上面介绍的自我疏离四步练习法。

第三节　当"过去"无法过去

与阿静所遭遇的思维闪回不同，有时，来访者脑海里出现的不是特定的场景，而是充满对过去的回忆、悔恨、自责、内疚，以及无尽的追问、推衍和假设：为什么受伤的是我？为什么会发生在我身上？如果这事没发生，或者我当时换个做法，结果会有什么不同？这种对过去不快的反复思考、咀嚼，称为"思维反刍"。

全球反刍思维研究的领导者苏姗·诺伦-霍克西玛将反刍描述为个体遭受伤害后，专注于将注意力放在消极情绪和这种情绪可能带来的结果上：

"为什么会发生这一切？"

"为什么我总是这样想太多？"

"为什么受伤的总是我？"

"为什么我就是无法控制自己的思想，没有办法集中精神来做事情？"

……

我们的注意力所及之处，就是真实的世界。当我们持续关注消极的过去，并体验当时的痛苦时，我们的生活会变得困顿不堪。过去无法改变，在反刍中，唯一被改变的，只是当下的生活。

执业30多年的情绪急救专家盖伊·温奇博士，在自己的咨询实践中发现，思维反刍会带来4种巨大的伤害：它让我们长期生活在过去的痛苦中，让宝贵的身心资源被无谓损耗，让我们无法面对当下的挑战并逐渐远离真实的生活，让我们与身边的家人、爱人、朋友的情感逐渐疏离。这一切汇总到一起，让我们感觉丧失了对生活的掌控权，让我们无力摆脱失控的下行循环。

在临床研究上，大量的证据表明：反刍思维与抑郁、焦虑等问题高度相关。

诺伦-霍克西玛的研究显示：反刍思维可以有效预测未来的抑郁水平。罗宾斯等的纵向研究表明：当个体陷入消极情绪且倾向反刍思维时，很可能发生严重抑郁，且发生次数更多，持续时间更长。即使是健康的个体，有反刍思维倾向者也容易患抑郁症。而对临床抑郁症患者而言，反刍思维会使其病情恶化。

研究者认为，在遭遇生活冲击事件并产生抑郁等消极情绪后，个体对消极情绪产生的原因及其后果的反复思考，不仅会持续激活以往的消极记忆，更会影响对当下情境的解释，从而引发更强的挫败感和无助感。因此，有反刍思维倾向的个体，很容易受到抑郁、焦虑等情绪障碍困扰。

不仅如此，反刍也会影响个人的行动能力。积极心理学领域的主要研究者柳博米尔斯基等在一项研究中要求被试写下自己面临的3个最大问题，并提出可能的解决方案。结果表明，有反刍思维的被试即便知道有效的解决方案，也很难将之付诸行动——而有效行动，正是我们走出任何困境所必需的核心能力。

让我们看看石磊的案例。

石磊已经离婚3年了，但他的生活与刚离婚时相比，变得更糟了。

"刚离婚时，身边还有些好朋友能陪我一起喝酒，听我诉说痛苦。但现在，他们却一个个远离我，他们不明白我为什么3年依然走不出痛苦。"

"3年了，离婚的事情还在困扰你，是吗？"

"是的，我一直就想不明白，为什么她会有外遇？为什么她要背叛我？我见过那个男人，从哪方面看他都不如我。她怎么能这样对我？"

3年过去了，石磊依然无法摆脱那段经历，以及由此带来的伤害和强烈的不愉快。他3年来所经历的，就是不停地思维反刍。在反刍中，他一遍遍重温当时震惊、沮丧、愤怒、悲伤等强烈的情绪……石磊的生活停滞在了3年前，这让周围的朋友无力负担，所以他们只能转身离开。要摆脱困境，他可以借助海耶斯教授推荐过的处理思维反刍的有效技巧：思维命名对话法。

思维反刍处理技术

思维命名对话法

第一步，命名。为自己的反刍/评判性思维起个名字，你可以随意选择自己喜欢的名字。比如，一位来访者叫它"影子姑娘"，另一位则称之为"爆炸性思维"。

第二步，接纳并欢迎。当觉察到思维不请自来时，深吸一口气，将呼吸调整到腹式呼吸状态，展开双臂，做出要拥抱的姿势，以此来接纳并欢迎它的出现。

第三步，对话并处理。保持开放式姿势不变，将评判性思维命名为"爆炸性思维"，当作前来拜访的朋友，表达自己对它的欢迎和安排，比如："你好，爆炸性思维，我注意到你又出现了，欢迎你关注我的生活，欢迎你来做客。但我现在还有事情要处理，无法陪你，你先自己待着，我得先做事情了。"

第四步，继续行动。继续做之前被打断的事情。

练习注意事项

1. 觉察而非战斗：不要试图与反刍/评判性思维战斗，相反，通过身体姿势、语言来接纳并欢迎它的到来。

2. 整体处理而忽略细节：思维就是思维，无须关注其细节，如是否合理，如我们是否要对其表达认同或否定。当它出现时，我们只需要用身体姿势和语言表达出对它的接纳、欢迎并与之告别即可。

在练习该技术3天后，石磊问我："我有一个困惑，当我说完那些话以后，思维还在那里不走，这时候我该怎么办？"

我："当有人在家里做客，自己却有事要忙时，你会怎么办？"

石磊："让他在客厅里待会儿，我先做事？"

我："是的，思维处理的核心就在这里——我们无法驱逐不愉快的思维，但我们可以把它暂时放在一边，继续做自己的事情。"

石磊:"但过一会儿它又会出来烦我!"

我:"你可以用同样的方法再处理一次吗?"

石磊:"嗯,我可以。"

几周后,石磊"坍塌"的身子变得有些挺拔了:"老师,我还是经常会想到那件事,我依然不明白为什么发生了这一切,但现在,当我开始纠结时,我已经能选择停止追问,继续做自己的事情了。"

这就是个人心理灵活性构建的核心:我们无法决定挑战的类型,无法选择挑战出现的时机,无法屏蔽或阻止大脑里自动化的思维以及身体的感受,但是,当挑战出现时,我们可以自主选择处理方案,以及决定是否要由其掌控我们的行为。

我们曾提到的因恐惧、焦虑而失眠的羽灵,在第三次见面时开始尝试练习该技巧——当脑海里想到曾经的错误时,她会告诉自己:"好的,'论文焦虑症'女士,感谢你又来拜访我,提醒我犯过的错误。你说的我已经知道了,现在,如果你想继续陪着我,请自便,我要休息了,晚安!"

当她开始像朋友而非敌人一样对待这些无法控制的思维时,奇妙的事情发生了:她重新获得了久违的平静感——即便晚上依然很晚入睡,她也能停止与自我、与失眠的战斗。失眠问题并没有迅速解决,她依然有可能睡得很晚,即便这样,她第二天起床时,已经不再有之前那种极度疲劳感了。

这就是思维处理技术的价值:它让我们有更多机会带着挑战,向着目标与价值观继续前进。

当然,对反刍思维的处理,不止这一种方法,我们前面介绍的自我疏离(第三方视角)观察法,以及后面将要介绍的记忆重构、注意力转换、时间观疗法等，都是实证有效的思维处理技术。

第四节　总是想太多

与反刍类似，有些来访者会因连续不断的思维而苦恼，他们聚焦于过去，抑或聚焦于将来，或者只是聚焦于自我或他人身上的怀疑。

一个中学生告诉我："我是个非常敏感的人，一件小事也要想来想去。比如，跟同学、朋友相处时，我经常因为他们的表情、语气或者其他细节而反复琢磨：他们为什么会有这种表情，是不是不喜欢我？或者是我哪里做错了，说话说得不对？我本来就不太擅长交往，现在大脑想得越多，越弄巧成拙，结果身边的同学都觉得我很怪，不想和我交朋友。爸爸妈妈让我自己控制，不要多想，可是，我真的控制不住啊！"

与这个学生一样，一个5岁女孩的妈妈告诉我："当孩子不听话的时候，我会非常愤怒，脑子里常蹦出一连串的念头，比如，如果我由着她不听话，那么她一定会变得没有规矩。在家里没有规矩，上学后就会被老师、同学排斥，学习就肯定不会好，学习不好那将来该怎么办……每次我都是越想越焦虑并开始愤怒，最后非要制服她不可！"当然，孩子大哭屈服之后，这个妈妈总会遭遇愧疚的折磨："我干了什么？她才5岁，还这么小！"

这些来访者的困境，就是典型的多思。认知行为疗法创始人贝克教授列举过多种认知歪曲的表现，比如，在连绵不断的思维中，倾向于认为自己不够好，夸大问题和责任，用应该或必须来衡量自己或者他人的行为，等等。这些歪曲，无论其表现形式是放大还是缩小、任意推断、过度概括、选择性抽象或错误标签中的哪一种，本质上都是一种多思现象。

在多思的困扰下，人们的认知很容易被歪曲，比如：一位杰出的教授可能会持续怀疑自己的专业能力，一位漂亮的姑娘会认为自己惹人讨厌，一个成绩优秀的学生会认为自己什么都不行，等等。有失眠问题的来访者，以及抑郁状态的来访者，都很容易遭遇多思困扰。读高一的肖霄来求助的时候充满无奈和苦恼："最近我老是纠结一些'为什么'。比如有时纠结道德上的——为什么这样做就该受到谴责，有时是学习上的——为什么要好好学习，有时候则是感受上的——为什么我会感到难过……为什么我要这么纠结？"

这些为什么，已经成了肖霄巨大的精神负担："这些问题让我感到焦虑，同时大脑很累；但如果不思考，不自己搞清楚而去接受他人的观点，我觉得自己会变成任人摆布的木偶，而这又让我更不舒服……我本来还患过神经衰弱，这样想来想去后又彻底复发了。我到底该怎么办？"

面对多思，很多人会建议"要控制"，比如"不要想"，或者"做点儿别的事"。但实践的结果，它们要么毫无用处，要么在短暂有效后引发更强烈的思维反弹。在实践中，强行"控制"无法有效处理多思问题。

要有效处理多思，我们可以借助前面讲过的思维命名对话法。

在咨询中，我指导肖霄首先练习了自我觉察技术，这会让他更好地察觉自己思维的变化。然后，他试着给自己处于失控状态的大脑起了个形象的名字——"为什么先生"，并练习了"为什么先生"出现时该如何进行处理。

但一周后，肖霄带来了新的苦恼："一开始，这个方法好像有用。但有一次，我大脑里突然冒出个念头：为什么我要做这个？为什么这样做会有效果？然后，我就又陷入思维中无法摆脱了。"

"嗯，好像有用，但在新的'为什么'的追问中又迷失了。那么，你能觉察到'为什么我要做这个'同样是自己的思维，同样是'为什么先生'吗？"

"哦？它们也是吗？这我倒没有想到。那么，我也要这样与它对话吗？"

"是的。你觉察到的任何思维，你都可以用这种对话、接纳的方式进行处理。也许，我们可以重新练习一下自我觉察技术，这会有助于你后续对思维的处理。"

几周后，肖霄告诉我："老师，我觉得越来越轻松，可以不用再咨询了。现在，我跟'为什么先生'的关系越来越融洽，当我需要它的时候，它想什么都行；当我不需要它时，它会退到一边，不会对我产生任何妨碍了。"

肖霄的变化再一次表明：面对内耗的思维困境，很多时候我们以为自己丧失了掌控感，无力应对发生的一切。其实，只要能掌握并使用正确的方法，掌控感一直在我们手里。无论遭遇了何种思维困境，无论它的表现形式如何，无论当时的感受有多糟，只要我们想摆脱困境，想从无尽的思维世界回到现实世界，我们都可以运用不同的思维技术来进行处理。

但有时，尤其是伴随着强烈的感受时，思维命名对话法并不足以让我们喧嚣的大脑平静下来。

小琴是个高三的学生，在紧张备考的过程中，她发现自己的思维模式出问题了："每天我都感到很压抑，我知道自身有很多不足，同学的表现都比我棒，长期活在优秀的同学的阴影下，我经常会有自卑感。现在，我大脑里总是出现一些消极的事情。比如，总认为自己一定会失败，过分看低自己，觉得高中三年完全无作为……"

对小琴来说，在高考压力下要摆脱这样的心理困境显得尤其艰难。在这种情况下，适当地宣泄，给大脑里的声音一个出口，让它们得到接纳，会是一种有效的方法。这里，我给大家介绍另一种有效解决多思问题的方案：接纳与自我肯定技术。

多思／自责处理技术

接纳与自我肯定技术

该方案包含四步。

第一步，接纳与表达。拿出一张纸，将脑子里不时泛出的自我批评词语、句子尽可能记录下来，每写完一条，就继续关注其他声音。如果出现重复的自我批评，简单地说一句："谢谢提醒，我已经写下了，让我们再看看还有没有别的。"然后，继续这一记录过程。

第二步，转移注意力。当批评的声音逐渐停歇时，拿出第二张纸，开始发掘并记录自己的优点。此后，可以每天在上面记录三件自己表现不错的事情。

第三步，感受强化。每晚上床前，抽出5分钟将记录读给自己听，重温每一个事件带来的感受，感恩自己一天的表现。

第四步，实践应用。每当自我批评、否定等内心独白出现时，用响亮的声音说一句:"谢谢提醒,我听到你说的了。"然后,拿出关于自己优点、美好事件的记录,读给自己听,激发带给自己温暖、力量的记忆。

当思维伴随着强烈的感受席卷而来时,当其他思维处理技巧已不足以完全阻止它们时,当你陷入深深的自责、自我厌弃,过于关注自己消极、悲观的一面时,你可以迅速求助于该技术,以终止喧嚣的思维并重建对自我的良好感受。

该方案由美国20世纪极具影响力的咨询师约翰·戈特曼教授公开推荐。方案的核心是通过针对性的练习,转移困境中最易遭受的心理伤害:注意力偏见——接纳自责、批评的声音,然后更多关注自己优秀的一面。

在接纳中,自责、自我贬低等思维将变成已完结的事件,这将避免进一步的自我伤害;在替换性的积极思考中,我们会自然切换注意力,重新找到前行的力量。

第五节　处理标签化思维带来的认知融合

在咨询中,小雷这样表达自己的痛苦:"我一直都是个失败的人,在哪里都是不受欢迎的人,在哪里都是被排挤的人,有太多的人都觉得我是个怪胎……刚开始我还觉得不是,现在我却觉得他们说得没错,我就是个自私自利、活该受到排挤的人。我不止一次地想到死,我说不出为什么想死,但这个念头一直都在……"

困住小雷的,就是标签式自我评判带来的认知融合:失败、排挤、自私、怪胎……在描述中,这些词逐渐取代了真实的小雷,成了他心中的自我。

评判、贴标签,这是我们认识世界的重要技能,它能让我们迅速识别威胁,并提前做好应对准备,这是一种进化的本能。但当评判指向自己,同时用标签呈现负向的自己时,它就很容易丧失适应性功能,成为自我伤害的工具。

很多人不知道,大量的心理学研究证明:负向标签对我们有着巨大的伤害,这种伤害远超过我们所能意识到的范畴——不仅是言语上的伤害,而且是行动上的,它会改变我们对自己的认知,让我们做出与标签相符的行为,并诱导人们向着与自我实现相反的方向前进。我们一起来看两个著名的试验,它们清晰地展现了自我期待和自我实现现象。

试 验 推 送

成长心态试验

2007年,斯坦福大学心理学教授卡罗尔·德韦克与另外两位研究人员一起,针对373名初一孩子进行了为期两年的跟踪研究。项目研究的内容是孩子对自我的信念与数学成绩的关系。

在研究中,他们首先从自我信念角度评估了学生们的态度,据此将他们分成两组:一组学生认为,自己的智力在不断发展;另一组则认为,智力是固定的,怎么努力都不会提高。在随后的两年里,他们持续跟踪孩子的数学成绩的变化。结果发现，相信自己的智力无法改变的一组，付出的努力更少；而相信自己的智力在成长的孩子，在学习中会更勤奋努力。结果，第一学期结束时，两组的数学成绩就有了显著差异。在研究跟踪的两年间，这种差距一直在加大。

所以，我们定义自己所用的标签会直接决定我们的行为和未来。

与卡罗尔·德韦克教授的研究类似，前美国心理学会主席菲利普·津巴多教授的研究也聚焦于标签对行为的影响。只是，这次人性中恶的一面在试验中很快就显露无遗。

试验推送

斯坦福监狱试验

1971年，斯坦福大学心理学教授菲利普·津巴多为了研究人及环境因素对个体的影响程度，招聘了24名经测试后确认心理非常健康的大学男生，参加了一个模拟监狱的试验。一半大学生被随机挑选出来作为监狱的"看守"，试验者发给他们制服和哨子，并训练他们推行一套"监狱"的规则；剩下的一半学生则被指派为"犯人"，换上品质低劣的囚衣，并被关在牢房内。

虽然所有的学生都知道这是角色扮演，他们中很多人甚至都彼此认识，但仅用了一天时间，他们就进入了自己的角色：看守们开始变得言行粗鲁，充满敌意，想出多种折磨犯人的酷刑和体罚方法；犯人们则从一开始的角色扮演，很快就进入精神崩溃的状态，认为自己真的是犯人。很快，"看守"和"犯人"都进入心理失控状态，原计划14天的试验，在第六天时就被迫终止。

津巴多自己对实验这样总结：现实和错觉之间产生了混淆，角色扮演与自我认同也产生了混淆。尽管试验原先设计要进行两周，但它不得不提前被停止。"因为我们所看到的一切令人胆战心惊。大多数人的确变成了'犯人'和'看守'，不再能够清楚地区分是角色扮演还是真正的自我。"

这个充满争议的模拟试验表明，我们的大脑，无法区分真实和想象。因此，如果我们持续用负向的标签定义自己，那么，我们的行为一定会展现出与标签相吻合的特征。

从以上两个试验中，我们可以清晰地看到标签的影响。你想拥有什么样的生活，就可以赋予自己什么样的评判。

但在现实中，尤其是在遭遇心理冲击的状态下，我们更多会对自己做出负向的评判。要摆脱困境，我们就需要有效处理这种负向自我评判。

在主流的认知行为治疗技术CBT（cognitive-behavior therapy）中，针对标签化思维的处理方法，通常包含了发现、分析不合理信念，与不合理信念战斗等过程。但对大多数困境中的来访者而言，做到这一点并不容易：在困境中，与自我的较量通常意味着内耗，会进一步消耗个人身心资源，从而加剧问题的严重性而非解决问题；或者，在缺乏专业支持的情况下，人们很难与自我持续战斗。所以，这里我给大家推荐一个更简单、有效的去标签化思维处理方案——接纳承诺疗法中的去概念化技术。

在接纳与承诺疗法中，针对负向的自我评判，以及由此带来的自我与思维的融合问题，海耶斯教授首创了一个全新的英文词汇"defusion"——认知去融合技术。该技术的核心是帮助来访者认识到"我"和"思维语言描述"的区别，从而有机会快速消除负向标签的影响。

据海耶斯教授的讲述，在斯坦福大学演讲结束后的半夜惊醒中，他一开始一直震惊于错误的数字表述，自责、羞愧等感受迅速涌现，大脑里久久盘旋着一句话："我怎么这么愚蠢，我太蠢了，真是太蠢了……"

事实上，当他凌晨3点在房间里焦躁徘徊时，大脑里最后只留下一个词——愚蠢！它成为压倒一切的语言，在脑海里喧嚣不止。很多来访者都遭遇过这种状态的冲击，"我是个懦夫""我真是个垃圾""我是个扫把星"……在这种负向标签的冲击下，自我仿佛已经浓缩成一个负向的单词。面对这种状况，前面讲到的思维命名对话法可能会显得苍白无力。

这时，我们需要借助新的有效技巧——负向标签快速重复朗读法。该方法在100多年前由心理学大师铁钦纳首创，在后来持续的研究中，其效果不断被验证。

在徘徊了十几分钟后，海耶斯教授突然觉察到自己脑海里叫嚣的标签——"愚蠢"。于是，深夜，在酒店的房间里，海耶斯教授做了一件在他人看来很奇怪的事情：大声、快速、反复地朗读"愚蠢"。几十秒钟后，海耶斯教授顺利摆脱了"愚蠢"，回到床上继续睡觉。

如果你的脑海里常遭遇这种冲击，你就不妨试试铁钦纳教授设计的这个练习。

认知融合处理技术

负向标签快速朗读重复法

1. 提炼：将脑海里捆绑自我的负向标签提炼出来，比如"太傻""愚蠢""无耻""垃圾""神经病""抑郁"等，无论对自我的定义是什么，把它提炼出来，写到一张纸上，或记在脑海里。

2. 倒计时：拿出手机或手表，倒计时45秒，同时做3次深呼吸。

3. 朗读：现在，在45秒的时间里，大声、快速、反复朗读你提炼的这个词，用你所能做到的最快的速度，坚持到计时结束再停止。心理学实证研究表明，在20~45秒的时间内，这种重复都会产生去融合效果。通常，最佳时长为45秒钟。

4. 继续生活：做完练习后，继续自己被思维打断之前的事情。

在实践中，这一方法不仅对处理自我标签有用，对处理他人施加于我们身上的标签，或者我们无意中试图逃避的标签，都同样有用。

比如，因贫困在高二被迫辍学的小米，虽然她通过自考已成功通过了多门本科课程考试，但每年6月的高考，铺天盖地的新闻对她来说都是种煎熬："第五年了，每到这个时候，我心里就像刀割一样难受，喘不过气来。"

不同的是，今年她有机会做一个多月的思维处理练习，所以，虽然"高考、努力、情怀、梦想、公平"等字眼依然会给她带来冲击，但她已经不再试图逃避，而是利用集中思维处理方法开始有效处理了。

"'高考'两个字的魔鬼属性消失了！虽然我还是很失落，但并没有在思维里打转，也没有再像往年那样心痛到无法呼吸。"

美国有一位杰出的女性艾琳·R.萨克斯，她毕业于耶鲁大学，目前是一个幸福的妻子，也拥有一份成功的事业：南加州大学首席法律教授、心理学教授、精神病学教授。但从进入大学开始，她就背负着一个常人无法接受的负向标签——"精神分裂症患者"。几十年来，她没有被这个标签吓倒，而是坚信自己可以去爱，去工作，去生活。她成功了，她的奋斗历程就是一个杰出的去标签化过程。

所以，如果你正面临标签的影响，不管它们是关于你个性或品质的，诸如内向、死脑筋、笨、懦弱、愚蠢，还是关于你健康的，诸如抑郁症、焦虑症、强迫症、双相障碍、精神分裂症，都不要被它们吓倒，试试用这些有效的思维处理方法去面对并处理它们，然后努力追求你想要的生活。

第六节　有效处理思维伴随的冲动与欲望

有时，思维还会唤醒强烈的渴望或行为冲动。比如，在高压下，有人会频繁洗手或反复确认已经做过的事情；有人想吃甜食，几乎控制不住自己的食欲；有人想要抽烟、喝酒，希望在烟酒中摆脱压力……在这种状态下，思维会唤醒并强化行动的欲望和冲动。

著名的行为科学家乔纳森·布莱克博士在福瑞德·哈金森癌症中心工作，主要研究方向为戒烟干预，利用接纳承诺疗法为来访者提供戒烟支持。

在接受并采用新的接纳承诺疗法为戒烟者服务之前，乔纳森博士一直沿用传统的戒烟方法：教授来访者如何控制、躲避自己对吸烟的渴望，比如不要想与烟有关的问题，在想抽烟的想法出现时回避它或忽略它，在想到烟时迅速利用分心策略进行处理，在欲望来临之时控制住自己，等等。在传统的练习指导中，来访者的任务就是学会像关闭电灯开关一样关闭那些戒烟时让自己不愉快的感受和渴望……

但他最终发现了自己所采用的方法的局限：人类的欲望没有强行关闭键。

事实上，多年的实践结果让他和很多社会工作者沮丧：戒烟者虽努力练习，却无法获得明显的收获——因为我们无法像关闭开关一样关闭我们不愉快的感受。甚至我们越想控制，它们就会越发失控。还记得白熊实验吗？当我们想要控制自己的大脑，让它不要想到"白熊"时，真实的效果却是不断唤醒对"白熊"的注意。

基于这些事实，接纳承诺疗法为闯入式思维以及它所带来的冲动提出了截然不同的处理方案：接纳我们的感受，哪怕它不愉快；接纳我们的渴望，并允许它存在，哪怕我们并不认同这种渴望。在接纳这一切的同时，关注我们的行为，让它导向正确的价值观，而非被冲动控制！

只有放弃自我战斗，我们才有机会开始想要的康复。

福瑞德·哈金森癌症研究中心已经出版披露的6项研究显示：利用回避帮助来访者戒烟的方法，对某些人可能会有用，但更多时候，用处并不大；但如果来访者接受了接纳渴望并与渴望共处的训练，那么，成功戒烟的人数是回避型方案使用者的两倍。

据此，乔纳森博士在一次演讲中表示：对冲动的有效处理方式，不是逃避、否认等传统模式，因为这有可能为来访者带来更多的痛苦；相反，如果人们允许自己拥有强烈的渴望，不试图去回避、否认、压制它们，而是观察它们，将它们表达出来，那么，我们反而更容易远离痛苦，获得自我的控制感，也更容易过上自己想要的生活。

想要更好地控制自己的生活？试试放弃控制！

现在，我们就来一起了解乔纳森博士推荐的这一全新的冲动/欲望处理技巧：三步思维观察表达法。这也是思维处理的有效技术之一。

冲动/欲望处理技术

三步思维观察表达法

该方案建立于自我选择之上，包括简单的三句话。

1. 表达渴望或冲动：第一句，当注意到自己的想法、渴望或冲动时，如"我觉得太累了，我想来杯冰激凌（去喝杯酒，抽支烟）"，让自己站好，并用语言把它表达出来：我太累了，我想来杯冰激凌（去喝杯酒，抽支烟）。

2. "我有一个想法"——认知解离，实现自我与想法的分离。第二句话，向左挪两步，在自己的话前加一句"我有一个想法"，然后看着刚才的位置重复之前的对话。比如："我有一个想法，'我太累了，我想来杯冰激凌（去喝杯酒，抽支烟）'"。

3. "我注意到"——认知解离并回到当下。第三句话：再向左挪两步，在刚才的话前再加一句"我注意到刚刚"，然后看着刚才的位置重复之前的对话。比如，"我注意到刚刚我有一个想法，'我太累了，我想来杯冰激凌（去喝杯酒，抽支烟）'"。

练习注意事项

三步思维观察表达法练习的目的不是控制、压制我们的欲望，相反，是鼓励通过语言表述来呈现我们的欲望。在这种观察式呈现中，自我和欲望开始分离，由此我们将有机会在体验并拥有欲望的同时，避免将之付诸行动！

欲望仍在，只是它再也无法控制我们的行为。

在求助者中，有一个高一的女孩阿伦，据她介绍，自己从小学开始就出现了自我伤害行为。当时，来自父母的呵斥、批评，是她自残的最初诱因。

"被骂以后，我心里太难受了，为了惩罚自己，我偶然把手背划出血。从那以后，每次我都用这种方式来惩罚自己。现在，我胳膊上、腿上全是伤疤，还经常要去缝针。"显然，对阿伦来说，自残是惩罚自己、摆脱心灵痛苦的一条捷径。但这种行为变成习惯后，阿伦遭遇了更多的挑战。

"我夏天已经不能穿短袖短裤了，就怕别人看到我的伤口。之前尝试过自杀，妈妈带我看了几次心理医生，完全没有效果。现在，我很想戒掉自残的毛病，但完全无能为力。平常只要遇到一点点很小的事情，我就会变得焦虑、烦躁，这时候就特别想自残。可怕的是，自残是我所习惯的最有效的处理方案——明明之前还很痛苦，但在血流出来的一瞬间，我立刻就平静下来了。"当自残变成减压的有效手段时，阿伦想要摆脱这种行为就变得越来越困难。

最后，阿伦无助地问我："你觉得我还有办法戒掉自残吗？"

"当然有办法。"我告诉她，"但这会是一个过程，我们需要做几个针对性的练习，以重建你面对压力的能力和行为习惯。问题是，你准备好要进行新的尝试了吗？"

在随后的一周里，阿伦首先掌握了三步思维观察表达法，虽然没有彻底解决自残问题，但现在，她有了处理焦虑感的全新方法——带着好奇去观察，并用语言表达自己的感受和欲望。慢慢地，她自残的冲动开始变弱了。第二周，阿伦开始练习自我觉察、表达技术，当她掌握了如何唤醒并利用好奇心，如何用语言表达内心痛苦的感受时，她发现，自残的冲动越来越少。到了第三周、第四周，阿伦在更熟练地掌握了沮丧、愤怒、悲伤等的情绪处理技术后，她惊喜地发现，不依靠自残，她也能获得平静感了。

阿伦的案例不是个例。你只要愿意寻找，总可以发现解决问题的有效方案；你只要坚持练习，新的适应性习惯就将有机会彻底取代之前造成伤害的非适应性习惯。

第七节　为何我无法摆脱思维困境

前面我们讲述了五种典型的思维困境，以及针对性的练习方案，但这些方案要发挥作用，还需要三个条件。

自我觉察力

自我觉察力对很多人来说就如同天书。

"我什么都没想，我就是非常生气。"

"我觉得不是我的想法让我无法出门的。每次想到要出门，要面对那么多人，我就会紧张、冒汗，身体发抖，这是真实的感觉，我不觉得是思维造成的问题。"

"我根本不想吃东西，我就是嘴停不下来。"

…………

如果你和他们一样，也有类似的困惑，那么，在做上面五种思维刹车练习前，你还需要掌握另外两种技术：回归当下技术与思维观察技术。

回归当下技术的实证效果被越来越多的心理试验支撑，已成为全球广具影响力的正念疗法、接纳承诺疗法、时间观疗法等的核心技术之一。

回归当下的练习方法很多，如腹式呼吸法、呼吸观察法、感官调动法等，这里，给大家推荐一个我自己最常用的简单方法——感官刺激法。曾经有一段时间，我的思维会难以控制地想很多事情。经常是到了傍晚，我就能清晰地感受到脑内惴惴的，或者一跳一跳的，或者有些沉沉的会发蒙，眼睛会发晕，非常不舒服，经常需要闭上眼睛、拍拍脑门。

将近一年的时间，我熟悉的腹式呼吸、呼吸观察等方法，仿佛都失去了效果。这种状况一直持续到我对自己的练习方法做了简单调整。

对我来说，每次闻着松针的清香，我都会感到身心舒畅。

对自我觉察力不足的来访者来说，这种练习是每天必做的功课，虽然只是3～5分钟的小练习，但只要能坚持下来，你就会感受到自己积极的变化。

回归当下技术

感官刺激回归当下法

1. 准备材料：准备一件气味让你喜欢的物品，可以是食物，如草莓、苹果、菠萝、橙子、杧果等，也可以是只能观察的，如百合花、玫瑰花、月季花等，或者一片能散发清新的生命气息的绿叶。我个人偏爱的是几根刚刚从松树上摘下来的长长的松针。

2. 呼吸调整：选择一个自己感到舒服的姿势，可以躺下、坐着或站着，用自己感到舒服的姿势就好。我个人的偏爱是走路，也就是一边走一边做练习。然后，将准备好的物品放在一边，或者拿在手里，开始调整并关注自己的呼吸。用鼻子慢慢地吸气，注意随着空气的进入，自己的腹部开始扩张；当感觉腹部无法继续鼓起时，慢慢地用嘴吐气，注意保持平稳的速度，让呼气的时间比吸气更为悠长，注意感受吐气时气息拂过的感觉，倾听慢慢吐气时的风声。保持同样的速度呼气、吸气3~5次。

3. 感官调动：保持呼吸节奏的同时，拿起准备好的物品，用眼睛看看它的颜色、形状、大小，用语言将它们表达出来；用手掂一掂，感受一下它的重量；再摸一摸，感受一下它的触感；在手背或胳膊上滚一滚，体验皮肤的感受。我个人有时会用指尖触摸松针，感受一下它的扎感，用语言将它们表达出来。现在，慢慢闭上眼睛，把它放到鼻子下，慢慢地吸气，体会它的芳香，同时保持呼吸节奏，让自己闻上一两分钟，如果你喜欢，时间可以再长一些，我个人会用手指把松针尾部揉搓几下，让它能释放出更多的气味。如果你选择的物品是水果，现在，试着咬一口，体会果肉、汁液与唇舌、牙齿接触的感受，去品尝、体会它的味道，再慢慢吞下去，体验食物被慢慢咽下去的感受。

4. 呼吸调整：放下物品，重复第二步呼吸调整3~5次，然后慢慢睁开眼睛。

练习注意事项

如果练习中发现自己走神了，你可能会自动开始自我指责，这时，简单地说一句话："咦，我进步了，我能发现自己走神了！"然后，将注意力拉回到练习中，重新关注手中的物品带来的视感、触感、嗅感以及味道。

从事了40多年脑电生物反馈研究的费赫米博士，曾提出一套开放注意力训练方案。其核心是：先后唤醒视觉、听觉、触觉/身体觉、嗅觉/味觉、时间觉、方位觉、思维觉、自我觉等感知功能，在几分钟内练习关注环境及身体世界正在发生的事情。作为回归当下的有效技术，你也可以尝试使用。

正确的练习实践

近年来，很多人接触了冥想、正念、打坐等练习技术。比如冥想，它所要求的坐姿可能会让很多初学者苦恼。

"我有练冥想来放松，"一位求助者告诉我，"但好像对我没什么用，我练了几个月了，每次练习我只能坚持几分钟，然后就开始难受，浑身冒汗，我的脑子会跳到诸如'是不是我的方法不对''别人会不会也像我一样难受''为什么我这么差劲？别人能轻松做到的，我却做不到'等问题上。"

"你这不是在练习冥想，而是在练习自我怀疑！"我告诉她，从脑神经科学的角度来看，我们所关注的、反复诉说的，就是我们的大脑不断在自我强化的。所以，当你在练习中反复做出自我怀疑时，你不仅无法得到放松，反而在习惯性地练习自我怀疑。

就如同练习失眠处理的羽灵，自我觉察与放松技术曾带给她两天改善的睡眠。但很快，当她把练习当成了新的与失眠战斗的武器，当她重新关注睡眠而非练习本身，开始与失眠进行战斗时，她的睡眠质量重新变差了。

所以，要想摆脱心理困境，我们需要注意保持正确的练习实践。

在采用回归当下技术之后，为增强思维觉察能力，我们将一起练习新的思维觉察技能。在专著《学会接受你自己》（*Get Out of Your Mind and into Your Life*）中，海耶斯教授曾为读者推荐了多种思维觉察技能，感兴趣的朋友，可以自主参考。下面，我们来看看这个练习。

思维观察技术

思维观察法

1. 呼吸调整：找一个自己感到舒服的空间和姿势，你可以站着、坐着，或者躺着。慢慢地闭上眼睛，开始用腹式呼吸法来调整自己的呼吸：用鼻子慢慢地吸气，注意随着空气的进入，自己的腹部开始扩张；当感觉腹部无法继续鼓起时，慢慢地用嘴吐气，注意保持平稳的速度，让呼气的时间比吸气更为悠长，注意感受吐气时气息拂过的感觉，倾听慢慢吐气时的风声。保持同样的速度呼气、吸气3分钟。

2. 思维观察：保持呼吸节奏，想象自己来到了一处绿意盎然的河边，河水从远处的森林中蜿蜒而来，在草地的怀抱中，缓慢流向远方。你注意到，水面上不时地漂来一片片落叶，它们如同一叶叶小船，随水漂流。想象这一切。现在，注意自己的思维，将自己发现的每一个思维写到或画到或投射到随波逐流的落叶上，比如"我有一个想法，我觉得这种练习非常无聊"，或者"我有一个想法，我耳鸣的声音怎么那么大？"……写完一片，看着它自由流动，不要试图去控制它，直到下一个思维出现，继续进行标记。

3. 结束观察：计时观察思维3分钟。然后，将自己的注意力拉回到呼吸上，重新关注自己的呼吸3~5次，感受身体的姿势，感受身体与床或座位或大地间的接触，然后慢慢睁开眼睛，结束练习。

练习注意事项

1. 我们是要练习观察自己的思维，而非评判。但刚开始练习时，我们很容易陷入对思维的评判中。比如，"我怎么能这么想？"或者"我现在做得对不对？有没有问题？"或者"真是无聊，我不知道这样做有什么意义"等。如果你发现自己在评判思维，不要与之战斗，简单地将它标记为一种思维，然后继续观察下一种思维。

2. 任何时候如果注意到自己走神，同样无须与之战斗，将它标记为一种思维即可，如"我有一个想法，中午要吃什么呢"。

3. 思维呈现后，不要试图去干预它们，如左右它们的运动，在下一个想法来临前，试试只是看着它或它们，不做任何干预。这种感觉就像你在观察蓝天下白云的移动一样，你看到、注意到，但不做任何想要控制它的努力。

这种想象，你也可以不用水中落叶，而用自己喜欢的任何东西来承载。比如，蓝天上的白云，或者公路上来来往往的卡车，或者一列从桥下通过的火车车厢，或者是正从樱花树上飘落的樱花……只要你喜欢，你可以选择任何载体，无须对它们做出干预、评判，无须与之战斗，只是简单地观察就好。

我们在灵活地掌握这种思维观察技巧之后，也可以更有效地处理各种标签化思维。

比如：

"被抛弃"——我注意到，我有一个想法，我被抛弃了。

"被羞辱"——我注意到，我有一个想法，我被羞辱了。

"被拒绝"——我注意到，我有一个想法，我被拒绝了。

"无价值"——我注意到，我有一个想法，我觉得自己毫无价值。

"被忽视"——我注意到，我有一个想法，我被忽视了。

…………

实际上，当羽灵能够越来越熟练地使用该方法，当她深夜躺在床上，能够像观察一朵云、一片绿叶一样观察而非控制自己的思维时，她很快就停止了与自我无尽的战斗，她的睡眠质量也变得越来越好了。

我一直告诉大家，要摆脱困境就需要接纳而非控制思维。如何接纳？如何放弃控制？答案就在这里——客观地观察，不带任何愿望、任何渴求、任何压力地观察。就像我们在看旭日初升、夕阳西下，或者像观察一朵花、一片云……

放弃控制，我们才能真的获得控制感。

个人意愿和行动能力

困境中，我们不仅会面临思维困扰，还会面临感受困扰，而感受直接决定着我们的行动能力。所以，来访者如果缺乏行动的意愿，或者沉浸于感受世界无法摆脱，那么很难采取有益的行动。

"老师，我就是想知道他是否爱过我。你能不能直接告诉我，他爱过我吗？"

"我现在太难受了，我什么都不愿意想，什么都不愿意做。你能告诉我，我该怎么办吗？"

在咨询中，遇到类似的情况，我通常不会提供任何明确的判断或行动建议。这时，来访者需要的，不是答案，不是建议，而是共情式的倾听——有人去倾听他们的焦虑、感受他们的苦难。离开了这种接纳式的支持，来访者的大脑无法挣脱情感脑占主导的工作模式，他们的心灵也无法安静下来。

在情感脑主导下，一颗焦躁不安的心根本无力做出任何有意义的改变。

曾有一位正在服药的抑郁症患者，找我了解正在做的一个8～12小时抑郁干预训练项目，当得知这个试验项目扣除各种优惠依然需要每小时200元的费用时，她脱口而出："什么？还要收费？有这200元我能去演唱会现场见一下偶像，那我的抑郁症马上就好了！"

在意愿不足的情况下，一个人要想摆脱内耗带来的心理困境，恐怕还有很长的路要走。

第八节　思维决定感受

很多时候，我们会发现，面对同一件事物，不同概念带来的感受可能会截然不同。比如，路边一个随意摆放的色彩剥离脱落的泥塑，我们甚至不愿多看一眼，但如果有专家说，这是秦始皇兵马俑，我们就会如获至宝。我们对世界、对自我、对他人的认知都建立在概念之上，从这个角度理解，思维对感受有着决定性的影响。

在大脑核磁共振扫描中，神经科学家证实了这种影响：被试躺在脑核磁共振成像仪里，用吸管品尝葡萄酒，同时在屏幕上观看这种葡萄酒的介绍。其实所有被试喝的葡萄酒一模一样，但当屏幕介绍这款酒价格高昂、珍贵而稀少时,被试大脑掌管快乐和奖赏的那个区域就像新年彩灯一样亮了起来,被试会报告自己非常享受,这款酒的味道非常不错;而当被试被告知这是一款超市购买的普通葡萄酒时,该区域几乎毫无反应。

所以,思维决定感受并非臆测,它真的会引发生理与心理的双重变化。

在快乐心理学研究中,有一个令人兴奋的发现:我们对一个人的看法,会改变脑海里关于他(或她)的形象。"情人眼里出西施"是有道理的:面对喜欢的人,我们会觉得看着更顺眼。

在咨询中,很多来访者会受困于过去的思维或刻板的印象:"我想改善与父亲的关系,因为他老了。但我就是恨他,他曾经那样伤害我……"从上面的试验我们可以看出,思维不变,关系与感受很难改变。

思维的作用,不仅在于能决定感受,它还会放大感受。

哈佛大学柯特·格雷和丹·韦格纳招聘学生做了一个试验:把大学生连接到电子刺激仪上,然后给他们连续5次的疼痛电子刺激。不同的是,有一半的被试被告知,这些电击是有人在另外一个房间传递给他们的,但是那个人并不知道他们在给别人刺激,他们没有任何恶意,只是负责按一个按钮。结果,被试报告的疼痛感,第一次的刺激记录是非常痛苦,第二次感到轻了一点,第三、第四、第五次痛苦会逐次递减。另一半的被试被告知在隔壁房间的人是故意给他们电击——他们知道电击会伤害到被试。结果,第一次电击,学生报告说痛得像在地狱一般,第二次还是一样痛,到了第三、第四和第五次,它们已经变成不可忍受的折磨了。虽然每次刺激完全相同,但不同的思维决定了痛苦是更轻还是更重。

为什么困境中我们首先要掌握有效的思维处理技巧？原因就在这里。它决定着我们能否顺利摆脱困境，决定着我们的感受是愉快的还是糟糕的，决定着我们的痛苦是可以容忍还是无法承受的。

在困境中，如何面对并有效处理我们的感受？

从下一章开始，我们将聚焦于感受，带你一起体验如何尊重、接纳感受，同时又能有效摆脱感受的控制，走出内耗，更多采用有益于自我价值实现的行为。

Tips

何时该寻求医生或咨询师的专业支持？

在本章中，我们了解了五种不同的思维困扰，并练习了七种思维刹车技巧。如果你发现这些方法无法有效帮到你，甚至你依然有强烈的自我伤害冲动，那么，我建议你尽快寻求专业医生和咨询师的帮助。

练习吧

面对下列求助者的问题，你可以给他们一些有效的建议，帮他们走出心理困境吗？

1. 17岁的中学生：我的心态很奇怪，不知道该怎么办。比如，我现在成绩有点差，但在补习班上，每当我学到一些超好用的解题技巧和方法后，我就开始担心万一哪天有同学问我解题方法，然后我告诉他了，他就会继续要我的笔记或者补习资料怎么办？万一他因此超越我怎么办？但如果他问了而我不回答，又会感觉很内疚。请问我该如何摆脱这种心理？

2. 一位独自带孩子的32岁女性：我对男性毫无信任感。在我心里，虽然事情已经过去了20多年，但我依然无法摆脱发生在8~10岁那3年间的不堪经历。我夜里常常被噩梦惊醒。每当房门背后发出咣当的响声，每次看到乡下低矮的平房，看着黑洞洞的屋内，我总会浑身战栗，无法自已，仿佛又回到了那3年的噩梦中。

3. 25岁青年：我上班了，在外人看起来很好，整天嘻嘻哈哈的，但我知道，自己一点儿都不好。从高中开始，我逐渐养成了胡思乱想的习惯，做事的时候感觉总是"身在曹营心在汉"，这导致第一次高考失败。上了大学，我一学习就乱想，接着就头疼。毕业后，上班有时候我集中注意力也很难。我很想改变，但就是不知道该如何走出困境。

4. 19岁大学生：我完全无法控制自己的体重。每次想起与男友分手时说的话，我都心痛得无法忍受。如果离开零食，我不知道怎么熬过这种痛苦。你能告诉我，在那些伤心往事面前，我该怎么办吗？

5. 22岁女孩：我利用假期学车，没想到科目二挂了4次，今天崩溃了。还有一次机会，但根本不敢再去考了，也不敢告诉爸妈。头一次发现自己这么蠢。现在，我满脑子都是"自己怎么这么蠢"的想法。我快疯了，到底该怎么办？

6. 17岁女孩：我有余光恐惧症。上课时，我老是担心班上一个男孩看我，所以我忍不住隔一会儿就要看他一眼，确认一下他是否在注意我。现在，他已经觉察到我在看他了，这让他非常不高兴，所以我更紧张，更想确认他是否在看我……我该怎么办？

7. 23岁医科学生：学了一个不喜欢甚至很害怕的专业，压力非常大，忙着考各种证。虽然专业是父母选的，但后来遇见了很多不错的老师。现在的问题是，父母看我压力大，跟我说可以换行，但我个人非常纠结。我觉得一件事情要么不做，要么就必须做完；但是有时候付出了很多却没有收获，会有一种无力感，会觉得如果付出没有收获，不如放弃。每天我都纠结于这个问题，很极端、很悲观，怎么办？

第五章

远离感受伤害

咨询中，来访者经常会将不愉快的感受视为自己的敌人，并希望能用"我应该感到高兴""我没有理由痛苦"等自我对话来控制或逃离它。

比如，一个痛苦的孩子可能会说："我知道自己不该感到压抑和愤怒，因为父母为我付出了那么多，帮我安排好了一切，我什么都不用操心……其实，我应该感到幸福……"

或者，一个悲伤的妻子可能对丈夫说："很抱歉，我不该一直这么悲观，你这么支持我，我应该感到幸运……"

或者，一个失望的母亲可能呵斥孩子："你有什么不满足的？我给了你想要的一切，你为什么还天天闷闷不乐的？"

在感受世界，这些"不应该"和"应该"式的敌对思维会诱发持续的自我较量和身心损耗，让我们远离真实的自己。更重要的是，它会驱使我们重复体验、表达某些感受而回避另外一些感受。在遭遇心理困境时，我们会陷在那些最容易体验到的感受中无法自拔。

因此，要走出内耗、摆脱困境，我们需要清晰地觉察到哪些感受是自己试图回避的——感受处理的核心，就是转变行为模式，开始面对、体验我们所回避的感受习惯，重建新的、适应性的感受习惯！

几年前，我带着3岁的儿子去医院看病，在采血窗口，他非常紧张："爸爸，我不想打针。"

我蹲下身子，拉着他发抖的手："我知道，宝贝儿，你不想打针，会疼是不是?"

"上次有个阿姨给我扎手指,特别疼。"儿子看着窗口,还在哆嗦。

"是的,上次那个阿姨扎手指很疼。你怕这个阿姨。那你要怎么办呢?"

"你能抱着我吗?"

"当然可以。你还可以做点儿什么?"

"能让阿姨轻一点儿吗?"

"嗯,真不错,你又想到一个不同的方法,自己告诉阿姨好吗?"

我抱着儿子坐在窗口前,他说:"阿姨,你给我扎针的时候能轻一些吗?"

听到儿子带着哭腔的询问,年轻的护士温柔地回答:"好的,宝贝儿,阿姨给你轻轻地扎。你会感觉就像蚊子叮了一下。"

儿子慢慢地伸出自己的手指。

对儿子来说,这是一次成长过程:面对扎针的痛苦,他想逃避,却通过表达自己的恐惧,成功唤醒了理智脑,并开始积极寻求解决方案。最终,在接纳痛苦后,他找到了向着目标前行的方法:让我抱着,并告诉护士阿姨自己的需求。

其实,在很多看病的孩子身上,我们都能发现这种适应能力:他们知道自己即将面临痛苦,但依然会尝试勇敢地面对。因为他们知道,只有面对,才能避免更大的痛苦。

面对心理挑战,大多数的来访者有面对问题并寻求解决方案的意愿。但遗憾的是,由于心理知识的匮乏、错误,或者技能的不足,来访者在检视自己的心理问题解决方案时,往往并没有多少选择的余地。作为情绪管理的服务人员，我经常会发现，来访者的解决方案是在加重而非解决问题。

阿真辞职了，天天在家里躲着。

"我有吞咽强迫症。在公司里，我总感到紧张，担心别人看我，后来我一紧张就想吞咽口水。不知道从什么时候开始，吞咽的声音越来越大，大到办公室里的人都能听见，太尴尬了。没办法，我只能辞职，现在天天待在家里，连门都不敢出。"

"那你的目标是什么？"

"我希望自己面对别人的时候不那么紧张，能轻松地跟别人打交道。"

显然，阿真在追求目标的过程中，为自己找错了解决方案。

与阿真一样，很多挣扎于心理困境的来访者都遭遇过或正遭遇着方案错误的困扰——在强烈的感受中，他们自动放弃了对感受的控制，选择让感受主宰自己的行为，变成了感受的奴隶。如何才能更好地摆脱感受困境？我将从接纳、处理、转变、前进等多个层面，利用六把钥匙，为大家提供更有效的技术支持方案。

第一节　恐惧与焦虑

恐惧起源于哺乳动物防御系统，是人类中一个无处不在的体验。我们的生活、文化、社会，本质上都是在与恐惧的对抗中形成的。

在个人身上，对抗恐惧的心理与行为特征则更加明显，比如，我们害怕在他人面前显露脆弱，总希望表现出强大、坚定；害怕死亡和未知挑战等不确定性概念，总想掌控一切；追求完美，无法容忍一些哪怕很小的问题；假装一切都好，不敢承认真实的感受或面对真实的自己……

焦虑与恐惧本质相同，焦虑是指向未来的恐惧——焦虑的核心，依然是恐惧感。我们只要留意，就很容易发现日常生活中的恐惧：万一她拒绝我怎么办？万一我的观点被老板嘲笑怎么办？万一我表现不好，输掉比赛怎么办？

恐惧的影响

由于进化的影响，识别恐惧并迅速做出反应是人类生存的第一本能。恐惧感可以第一时间启动我们身体的"战斗/逃跑"模式。很多时候，我们虽然未曾注意到威胁信息，但依然会产生恐惧反应。为什么会这样？

研究认为，这是由于我们恐惧反应的核心——杏仁核可以被未注意到的刺激物激活。安德森等人在2003年的一个试验显示：给被试呈现叠加在一起的不同颜色的面孔，显示恐惧、厌恶或中性的表情，对于可怕面孔的杏仁核反应不会因为面孔被注意或未被注意而有区别。

在心理层面，研究显示，恐惧是可以自我强化的：社交焦虑高的参与者探测具有威胁性的目标比探测友好的目标更精确，尤其是当房间内有一位爱挑剔的观察者时。

不仅如此，研究也证明，我们一旦将注意力投向一个具有威胁性的刺激物，想要将注意力再转向一个新的位置就会变得很缓慢。因此，福克斯、拉索和达顿在2002年发表的研究报告指出：在恐惧与焦虑中，我们的注意力很容易陷入周围具有威胁性的事件，从而阻碍根据当前的执行需要灵活地部署注意力。同时，乔治乌等人的另一项研究指出，这种注意力阻碍效果针对的只是威胁性信息，比如愤怒、恐惧，而负面信息不会造成影响，如悲伤的面孔。

在生理层面，伊泽德指出：当我们处于恐惧中的时候，面部似乎是僵硬的；皮肤变得冰凉、苍白，开始流汗；恐惧加快了心跳和呼吸节奏，让我们的呼吸停留于肺部表层，过度换气现象会出现得更加频繁；同时，它会扩大我们的注意、思维和记忆通道范围。格林伯格等人的研究认为：恐惧创造出如此多的心理活动，以至于我们在精神上会暂时处于瘫痪的状态，有关其他时间的恐怖记忆会淹没我们的头脑。

在神经生物学层面，迈高的研究表明：恐惧的神经激素会使我们对痛苦格外敏感，同时会让我们充满怀疑和迷茫。

恐惧的处理

要处理恐惧，人们往往习惯性地寻求控制、预测的帮助，或求助于风险回避策略。但生活往往是不可控、不可测的，挑战也往往是不可回避的。

比如，"别怕""控制住自己，不要再去想那些害怕的事情""放松，不要担心，我会照顾好一切的""这是不合理信念，不要被它左右"……这些策略会有效吗？

2018年6月，《美国儿童与精神病学学会期刊》刊登的康涅狄格大学的研究报告给我们提供了实证的答案：10年追踪研究发现，319位用认知行为疗法或舍曲林药物治疗的焦虑症患者中，只有20%的人能长期保持健康状态，另外50%的人会复发，30%的患者出现了长期焦虑。所以，认知调整策略无法带来理想的干预效果。

此外，镜像神经元匮乏效应也表明：针对恐惧，否认、漠视、回避、压制等方式不会带来理想的处理效果。

而针对恐惧影响的研究明确显示：我们甚至无法控制恐惧的觉察过程，大脑的杏仁核会自动检索威胁信息，并且引导注意力向它集中。同时，这种注意力是被高度激活的，我们试图将它从活跃的恐惧刺激中转移会非常困难。如果占据注意力的威胁事件不是外部信息，而是自我记忆、思想或影像等内部心理活动，那么，一则我们的注意力将很难通过控制摆脱这些威胁，二则我们的思想将被威胁占据，这相当于陷入沉思状态的忧虑。因此，要解决焦虑问题，我们首先需要解决注意力的定向问题。

恐惧的诱因包含两类：第一类是现实的威胁，比如当我们在野外与一只猛虎狭路相逢时引发的恐惧，它不需要任何思维活动即可瞬间启动，这时，恐惧表现为强烈的生理体验；第二类是想象造成的威胁，比如当我们事后回想与曾经遭遇猛虎时重新感受到的强烈体验，或者当一个广场恐惧症患者想象自己站在广场中央时的体验，一个休学的孩子想象自己重返教室时的体验等，它们既表现为生理体验，更表现为思维活动。

因此，恐惧的处理需要针对生理感受和背后的思维这两个不同层面。针对现实威胁带来的原生恐惧或强烈的身体反应，我们需要借助进化中的基本力量进行有效处理，比如好奇心、呼吸调整。

> **试验推送**

改变呼吸节奏，改变情绪状态

鲁汶大学的皮埃尔·菲利普特、沙佩勒和魁北克大学的塞尔维·布莱瑞设计了一组两个阶段的试验。

第一阶段：第一组被试被要求利用回忆分别激发出欢乐、愤怒、恐惧、悲伤四种情绪，试验人员分析测量了他们在不同情绪状态下的呼吸模式，包括呼吸速度、肺部运动、呼吸幅度，然后将其分别整理成四种情绪状态下的呼吸模式。实际上，研究发现，当我们恐惧时，我们的呼吸会变得短促，肺部的运动主要集中在上部。

第二阶段：第二组被试在得知自己要参与一个呼吸模式对心血管影响的研究后，被要求根据第一个试验总结出来的呼吸模式进行呼吸。在特定模式的呼吸练习结束后，研究人员让被试填一份调查问卷，其内容就包括练习中的情绪反应。

结果非常明显：采用不同的呼吸模式会诱发相应的情绪感受！比如采用欢乐的呼吸模式，被试真的会有欢乐的感受！

恐惧/焦虑处理技术之一

接纳与呼吸调整

要处理原生恐惧，我们需要借助感受处理的四把钥匙——接纳、觉察、放松、行动。下面，就让我们一起看看，这四把钥匙将如何有效管理我们的恐惧。

1. 接纳：当感觉到恐惧时，用一句话简单地告诉自己："好的，我感受到了恐惧，我能接纳这一点。"如果有条件，也可以在说话的同时保持站立的姿势，将身体打开——比如，两脚微分，身体挺直，双臂展开并挺胸抬头，就如同在欢迎自然的一切，这种接纳，有助于我们摆脱自我战斗。

2. 觉察：带着好奇心去觉察恐惧中身体的变化。保持身体展开的姿势，现在慢慢闭上眼睛，轻轻问自己："恐惧给我带来了哪些变化？"然后带着好奇心去觉察恐惧中自己身体的变化，比如，脸部肌肉僵硬，身体紧张、冒汗，呼吸浅而急促，有一种强烈的想逃的欲望……试着去觉察这一切，同时避免任何评判。如果发现自己走神，不用自责，简单地告诉自己"我走神了，但我可以继续觉察我的恐惧"，然后继续带着好奇心去觉察自己身体的变化。

3. 放松：当扫描完身体不同部位的变化和反应后，继续保持开放的身体姿势，开始慢慢地用鼻子吸气，同时默数1、2、3、4，腹部微微降起；然后慢慢地用嘴向外吐气，默数1、2、3、4、5、6，腹部逐渐收缩。继续这个练习3分钟，当你掌握了腹式呼吸的诀窍时，你就可以停止计数而将注意力放在气息上。如果发现自己在练习过程中走神，告诉自己"我走神了",然后继续练习。

4. 行动:当感觉到内心的宁静时,慢慢睁开眼睛,继续向着自己的价值观去行动。

在有效处理生理感受的基础上,我们需要进一步处理思维活动。比如一个怕蛇的人,看到与蛇有关的图片、文字,可能会体验到恐惧。

关于有效处理思维恐惧,最有效的方案是我们前面所讲到的思维处理技巧,比如在感受到自己的紧张时,不是去战斗,不是告诉自己"不要害怕",不是压抑自己"有什么可害怕的",而是试着去做观察发现,"咦,我有个想法,它让我感受到了恐惧";去改变身体语言,比如张开双臂,拥抱甚至欢迎自己的恐惧,然后不再排斥它们,带着它们去继续完成自己的任务,实现自己的价值。

如果你想换个不同的、更有趣的方式来处理恐惧,你也可以采用下面用认知去融合的方法,赋予我们所恐惧的概念或形象全新、幽默的含义。

恐惧/焦虑处理技术之二

恐惧形象重构

1. 接纳:准备识别自己所恐惧的形象,比如蛇、蜘蛛等;如果你所恐惧的是一个特定的概念,比如鬼魂、死亡等,试着赋予它们一个形象,然后接纳自己面对它们会恐惧的事实。

2. 幽默唤醒：什么东西能瞬间诱发你的快乐情绪？比如一个特别的鬼脸，一个滑稽的场景，一种欢乐的装扮，一副可笑的样子，等等。找到一个能瞬间激发你的笑点的形象。

3. 重构：试着闭上眼睛，将你所恐惧的形象与能瞬间激发你的笑点的形象结合在一起，比如一条有着海绵宝宝脸的蛇，或者一只圆滚滚、没有四肢、在地上动弹不得的蜘蛛……试着将你所恐惧的形象变成能诱发你快乐的形象，去感受它的尴尬，体验内心的快乐。

4. 行动：告诉自己"我可以面对并处理自己的恐惧"，然后继续向着正确的价值观去行动。

女儿9岁时，有一次我们聊天，她讲到自己以前独自睡觉时感到的恐惧："我也不知道自己在怕什么，但就是很害怕。"

我好奇地问："宝贝儿，那你是如何克服恐惧的？"

女儿很骄傲："爸爸，你说的那些方法对我都不管用，我有自己的方法。"

"哦，告诉爸爸你是怎么做的？"

"每当我害怕时，我就想象一团东西站在我面前，然后我跟它握手，告诉它：'你别吓唬我，咱俩做好朋友，一起玩啊。'然后，我心里就不怕了。"

也许，就像我女儿所感觉的那样，书中所推荐的练习未必都适合你。但只要你敢于面对并接纳自己的恐惧，敢于放下战斗的欲望，你就会找到更适合自己的解决方案。

比如小婧。还有20多天就要参加高考了，小婧告诉我："我特别担心考理综，上次模拟考试，因为时间没分配好，几道题超时，结果我有五六十分会的题目都没时间做……"

我问她："针对这种情况，老师给你们的建议是什么？"

小婧有点儿无奈："我知道，要先跳过去，做其他更容易拿分的。可是我做不到啊，这几道题我一看就知道能做出来，但没想到用了太多的时间。如果跳过去，我担心考试成绩会太差……"

"那么，平常练习时你尝试过先放下耗时过多的题目，先做那些稳拿分数的题目吗？有没有看看这样会不会出现你担心的情况？"我问道。

小婧："没有，我不敢啊。"

我："嗯，不敢。你现在每天的复习时间是怎么安排的？"

小婧："大概有两个半小时用来做理综题目，几乎占了我自由支配时间的60%。"

我："那我可以理解为你每天都可以做一套理综试卷吗？"

小婧："是的，每天都可以做一套试卷。"

我："那你愿意拿出一周的时间，试试新的时间分配方案吗？"

小婧想了想："是的，我想我可以，我愿意试试。"

几天后，小婧告诉我："使用了新方法后，我几乎90分钟就能将稳拿分的题目搞定，然后还有将近一小时专门处理其他的难题——我发现，当心里不发慌时，我做那些题目的速度变得更快了！"

"这种尝试对你有什么启发吗？"我问。

"模拟几次我就知道了，之前担心的情况并不会出现，现在我能更好地处理考试时的焦虑感了！"

所以，你如果也面临焦虑、恐惧，也许无须处理思维，无须腹式呼吸，只需要调整解决方案。有效地解决问题，有时比关注并处理情绪更加重要！

> **感受处理秘诀**：接纳自己的焦虑、恐惧，练习带着好奇心去体验而非逃避它们，或者，赋予你恐惧的事物全新的、好玩的形象。另外，当有机会解决问题时，接纳情绪并寻找有效的问题解决方案。

第二节　愤怒

愤怒是常见的情绪之一。有时，愤怒是指向外部的："你们真是烦死了，这么吵，我什么都做不了！"有时，愤怒是指向自己的："我怎么这么笨？这么简单的事情都能搞砸？"在抑郁状态下，指向自我的愤怒非常多见。

当事情的进展与我们的预期出现偏差，当我们遭遇沮丧、挫折时，愤怒有可能会迅速出现。有时，身边人的愤怒可能会让我们大吃一惊：他怎么脾气这么差？

真的是脾气差吗？

为了更好地处理愤怒，我们有必要对愤怒做一个简单的了解。

愤怒的发生机制

虽然保罗·艾克曼等全球知名专家都将愤怒归于原生情绪，但在咨询实践中我逐渐发现，与恐惧不同，愤怒似乎是一系列思维活动的结果。从这个角度看，思维更像是自我意识的情绪。现在，让我们用一个案例来呈现愤怒产生的五个阶段。

场景：到了吃饭的时间，儿子正高高兴兴地玩游戏。
父亲："儿子，吃饭了。"
儿子："等会儿，我正玩积木呢。"
父亲："赶紧，都等你呢，把积木放下。"
儿子："我说了等会儿，我正在玩呢。"
父亲："你再不听话我生气了啊。"
儿子："你怎么听不懂我说什么？"
父亲："你快点儿，先吃饭。再不听话，我把你的积木给扔了。"
儿子："说了等会儿，你太烦人了。"
……

在这段对话中，父子都经历了从语气平和到愤怒争吵的转变。在这种转变中发生了什么？

第一阶段：沮丧

在愤怒出现前，我们首先会遭遇沮丧感——当我们的需求无法得到满足时，最初出现的感受就是沮丧感。

在案例中，父亲的需求是让孩子吃饭，当孩子拒绝时，父亲的沮丧感出现了；同样，孩子的需求是再玩一会儿积木，当父亲一再催促时，孩子的沮丧感也出现了。

第二阶段：反思

在沮丧中，我们会反思自己是否有权追求我们的目标。通常的思维会是"我应该得到""我必须要做""我有权拥有"等。当我们认为有权追求而被阻止时，我们会感受到第三阶段——悲伤。

第三阶段：悲伤

无法追求合理权利导致的无力感、丧失感会让我们体验到悲伤。比如，儿子无法继续玩积木的悲伤，父亲无力控制孩子的悲伤。但对于大多数人来说，体验这种无力感带来的悲伤并不容易。因此，与面向自我无力感的悲伤相比，我们更愿意继续寻找外部的原因。

第四阶段：评判

为远离悲伤，我们会开始解读他人的意图，将他人的阻碍行为视为威胁，视为故意。为应对这种阻挠，我们会寻求改变的力量，这就是愤怒。当父亲和儿子彼此都认为对方是故意阻碍自己的需求，都想寻求改变的力量时，愤怒就出现了。

第五阶段：指责/惩罚

在愤怒中，我们开始指责他人，甚至开始攻击、惩罚他人。为什么会这样？原因很简单：这是我们选择的改变他人的方案！比如，父亲对儿子"扔掉积木"的威胁，儿子对父亲"你太烦人"的指责。

这五个阶段，前四个阶段是愤怒发展的过程，第五个阶段是愤怒最终的表现。离开了前面四个阶段，愤怒将无法出现。比如在第一阶段，如果孩子没有玩的需求，就不会有沮丧感；如果父亲不想控制孩子，也不会有沮丧感。在第二阶段，如果父亲不认为自己有权控制孩子，或者孩子不认为吃饭时间可以玩游戏，那么就不会有悲伤和愤怒。在第三阶段，如果父亲或儿子能不再逃避而是体验悲伤，那么愤怒将丧失产生的能量……

所以，与其说愤怒是一种性格特质，是脾气差，不如说它是一种主动的选择习惯，它意味着当我们的需求实现过程遭遇阻碍时，我们就会选择以它为武器来表达自己对挫折的不满，来满足自己被阻碍的需要。

愤怒是一种适应性的情绪吗？是的，面对威胁，有时它是维护自我利益的必要武器。愤怒是一种非适应性的情绪吗？是的，面对阻碍，有时它是我们控制并改变他人的工具。但是，在拥有一系列积极意义的同时，愤怒有着更严重的问题：它会给我们的大脑、健康带来一系列变化。下面，让我们一起看看愤怒的消极影响。

愤怒对大脑的影响

人们之所以将愤怒归于"不好的情绪"，一个重要的原因是它会影响我们的智力水平以及行为表现。研究显示，强烈的愤怒中，内啡肽会让大脑新皮层处于无效的状态，也就是我们提过的理智脑失效，情感脑掌控了我们的意识。情感脑也称为哺乳动物脑，通常孩子5岁时，该部分大脑就会发育成熟。所以，在愤怒状态下，我们可以理解为自己的智力水平会回到5岁之前。相比之下，潘克塞普的研究指出，理智脑的发育需要到26岁才会真正成熟。

所以，愤怒导致的大脑工作模式切换会让我们丧失深入思考的能力，行为选择更多的是基于短时刺激而非核心价值。

在智力水平之外，愤怒会限制我们的信息接收能力——在愤怒中，那些不支持愤怒理由的信息，会被迅速拒绝——我们的信息输入是选择性的，我们开始歪曲真实的世界，歪曲真实的自我。

鲍迈斯特等人的研究指出：愤怒除了带来智力下降、认知扭曲，以及对当前利益而非长远价值的关注，还会导致我们更倾向于采用高风险决策策略，更容易做出糟糕的决策。大卫·麦克米兰认为，愤怒最糟的问题不是让我们失控，而是让我们变得愚蠢。在愤怒中，为了证明自己并不愚蠢，我们会为自己的行为编造各种所谓的正当理由。

愤怒对健康的影响

愤怒与很多生理问题都有关联。长期愤怒会对我们的免疫系统造成消极影响，愤怒的人总是很容易生病。愤怒还与高血压、冠心病、酒精和药物滥用有着密切的联系。

悉尼大学一个研究小组针对313名疑似有连续心脏病发作，在医院的造影检查中确证有急性冠脉堵塞的患者进行了调查，核心目标是分析其发病前48小时内的活动与心脏病发作的关系。结果显示，虽然愤怒触发心脏病发作的概率仅仅是2%左右，可是愤怒过后心脏病发作的危险性比正常行为后发作的危险性高8.5倍。研究小组的成员托夫勒教授认为："强烈的愤怒增加患心脏病的风险很可能是由于心率、血压升高，紧缩血管并增加凝血。"

愤怒的管理

要有效管理愤怒，我们可以从两个层面入手。

一是提升自控力。在很长一段时间里，犯罪学家和社会学家一直有一个假设：自控力极低的时候，人们就可能变得愤怒并实施暴力犯罪。新的研究证明了这一点。提升自控力，确实有助于我们管理愤怒。

二是利用有效的行为仪式来处理愤怒。研究证明，诸如调整呼吸模式、用语言表达需求、唤醒并体验悲伤等行为，都有助于我们管理愤怒。

提升自控力的六个秘诀

与肌肉一样，自控力也可以通过大量的练习来获得。比如坚持进行瑜伽、跆拳道、跑步等运动，在感觉无法忍受时再坚持一会儿，等等。在常规的锻炼方法之外，我给大家介绍六个基于研究的自控力提升秘诀。

秘诀一：非利手练习

澳大利亚新南威尔士大学托马斯·邓森博士将志愿者分为两组，其中一组让他们接受为期两周的非利手使用训练，另一组不做任何干预。两周后，他们设置了一个试验情境：被试遭到一名学生的轻度侮辱，而他们可以选择用噪声污染对这种行为进行报复。结果发现：那些在两周内练习使用非利手的被试，自控力更强，攻击行为更少。

该研究负责人托马斯·邓森博士据此表示：自我控制能力与打高尔

夫和弹钢琴其实一样，都是可训练、可提升的。如果人们有机会改善自我控制能力，那么其攻击性行为就会减少。

在日常生活中，坚持使用自己的非利手：比如"右撇子"使用左手吃饭、夹豆子、操作电脑鼠标、按手机键盘或开门，"左撇子"则可以训练使用右手做同样的事情。试验显示，只需两个星期的非利手使用训练，就能够控制或减少冲动行为。

秘诀二：利用替代奖励

杜克大学心理与行为经济学教授丹·艾瑞里早年曾因为肝炎参与了一项药物研究计划。该计划要求参与者定期注射一种药物，这种药物的好处是：有可能30年内不会得肝硬化；但同时它也有一些令人难以忍受的副作用：注射后几小时内，会有头痛、呕吐、眩晕、摇晃等非常不舒服的感觉。另外，药物注射的持续时间很长，要坚持一年半。

结果，一年半以后，丹·艾瑞里教授发现自己竟然是唯一坚持完成了计划的参与者。为什么他的自控力远超其他人，是他更能忍受痛苦吗？

面对疑惑，艾瑞里教授给出了不同的答案：原因不在于他更有自我控制能力，不在于他感受不到痛苦。实际上，被注射药物后，他同样有强烈的药物反应，但他做了一件与所有参与者不同的事情：每次要注射药物前，他都会去租几盘自己喜欢看的影片，注射药物后，就回到屋里看电影。实际上，让他坚持到最后的不是自控力，而是轻松的电影时间！

这就是自控力的第二个秘诀：当我们必须做一些艰难的事情时，试着给自己一点点即时奖励。在奖励中，艰难的体验变成了至少有一部分的愉悦。在这种感受的带动下，我们会拥有更多的力量坚持前行。

秘诀三：激发自豪感

2009年，为了验证不同情绪、注意力状态下的自控力水平，休斯敦大学的凡妮莎·M.帕特里克、康奈尔大学的海恩·海伦·春，以及南加州大学的德博拉·J.马西尼斯关于自控力变化的研究发现，面对充满诱惑力的巧克力蛋糕，被激发自豪感，同时被引导将注意力更多地集中在积极自我的被试，自控力明显高于其他三种状态；而被激发羞愧感、视线更多聚焦于诱惑物的被试，其自控力是四种状态中最差的。

因此，有效提升自控力的第三个秘诀就是培养自豪感，并将注意力拉离诱惑物。自豪感的培养可以通过每日的收获来体现，比如下面这个简单的练习。

培养自豪感技术

核心价值银行

核心价值银行建立在多个方面的基础上，包括个人人性发展，有意义的人际关系，目标和意义，爱，感恩欣赏，创造力，同情心等。该技术的核心包括三步：

第一步，根据个人情况，从自我、成长、人际等不同层面，明确自己的核心价值银行清单；

第二步，将价值观转化为对应的行为，每天记录并补充自己的银行资产，比如，如果你重视自己"爱"的能力，那么爱的行为可以是帮助他人，或者是感恩他人的付出，或者是记录并分享生活中美好的事物，等等；

第三步，在遭遇自我怀疑、自我否定时，或者在想要提升自己的表现水平时，唤醒自豪事件，并用语言告诉自己："我很棒，我能行！"

每日信用清单（示例）	
我今天帮助别人的次数	
我礼貌待人的次数	
我练习自我同情的次数	
我倾听他人并表达支持的次数	
我用非攻击方式表达自我感受和需求的次数	
我感到对某人充满爱意的次数	
我感觉到亲密联想的次数	
我从困境（挫折、失败等不愉快经历）中得到收获的次数	
面对困境，我积极思考解决方案并采取有效行动的次数	
我欣赏某人、某事的次数	
我欣赏自然、环境的次数	
我欣赏生活中美好事物的次数	
我根据自己的核心价值观和目标行事的次数	
我想要保护某人，同时又尊重其自主权的次数	
我感恩生活、与他人分享美好的次数	
今天我最自豪的一件事是什么（记录详细事件及自豪的感受）	
今日新增信用总额：	

秘诀四：将需要自控的行为变成习惯

我们前面讲过，在进化中，大脑的运行特点之一是节约能源。因此，90%以上的时间，决定我们行为选择的，不是意识，而是习惯。

所以，提升自控力的重要方法之一，是利用习惯的力量——将需要自控的行为变成自动化的习惯。

已婚人士都有这样的体会：婚前热恋时，爱人间的私密时间非常多。但随着婚姻时间的延续，随着孩子、工作、社交等事务的增多，私密时间变得越来越少，维持二人世界逐渐成为一件需要高控制力才能完成的任务。

如何找到维持亲密关系所需的控制力？在哈佛幸福课上，泰勒·本博士分享了自己和妻子确保二人世界的一个小秘密：将它变成习惯，每周安排一个固定的日期作为二人私密独享时间。

多年婚姻幸福的秘诀竟如此简单。

与泰勒·本博士的经历相似，丹·艾瑞里教授在注射药物后观看录影带的安排，同样是利用了习惯的力量。

所以，你如果想提升自己的控制力，或者帮助孩子提升自控力，不妨试试将需要控制的行为变成新的习惯！

秘诀五：减少不必要的决策，有计划地使用资源

从上文我们已经知道，自控力作为一种资源，是可锻炼、可消耗、可补充的。研究发现，除了抗拒诱惑会消耗自控力，决策行为同样会导致自控力的损耗。

2010年，勒瓦夫、乔纳森、马克·海特曼等研究了决策对消费行为的影响。他们选择了真实的汽车消费者作为研究对象。在试验中，被试被要求在多种配件中进行连续选择，比如10种方向盘、25种引擎、26种外观颜色、56种内饰颜色等。试验发现，如果让顾客一开始做出一种购买决策，比如在4种变速杆中选择一种，那么其接受经销商推荐的标准配置的概率仅为28%，这与随机概率相差无几；但如果在做出变速杆选择前，顾客已经被要求在内饰、外饰、轮胎个性化等方面做了大量的抉择，那么有41%的概率顾客会接受经销商的推荐。事实上，研究证明，顾客购车时面对的决策越复杂，他们就越可能干脆选择经销商推荐的标准配置（无须任何决策的选择）。

研究发现，如果顾客在购车过程中被要求做出了一系列复杂的选择，那么其最终购车的花费平均要多出2000美元。

所以，为了避免过量决策造成的自控力下降，有时我们需要借助计划的力量：减少不必要的决策，将身心资源更多地分配于重要的工作上。

秘诀六：适当补充糖分

自控力既然可以被消耗，那么在穷尽了上述的方法后，如何补足自控力呢？

近年来，脑神经科学研究逐渐揭示出自控力背后的作用机理：血糖。脑成像研究发现，在低血糖状态下，大脑负责刺激奖赏的区域会变得活跃，而负责冲动抑制的脑区则开始沉寂——我们开始追求短时、即时刺激行为，自控力下降。

达特茅斯大学的社会神经科学家托德·希瑟顿利用试验验证了这种影响。试验中，他给被试播放搞笑喜剧，同时要求被试控制住自己不能笑。对被试来说，这种内耗需要消耗大量自控力。随后核磁共振结果表明：经历了折磨的被试，其负责冲动抑制的脑区活跃度显著下降。但这一现象，在被试喝了一杯加糖柠檬水后完全改变了。

所以，想提升自控力？想让自己表现得更友善、更明智？不妨试试在疲劳时适当补充点儿能量！

愤怒的仪式性处理技巧

有效处理愤怒，我们需要针对愤怒出现前的沮丧、反思、悲伤、评判四个阶段做工作。

表达———一切不愉快情绪的速效药

当我们内心的感受与需求被有效表达时，因需求受阻而引发的挫折感会迅速减少。所以，要处理愤怒，我们可以表达出沮丧的感受。比如使用"我感到……"句型。

我感到：

无助　无力　没有价值　需求不被尊重　需求被忽略　不被爱　被拒绝　被指责　令人讨厌

在感受的表达之外，我们需要明确提出自己的需要，比如"我需要……"句型。

我需要：

跟你一起商量来解决问题

与你共同面对出现的困难

你抱抱我

你在跟我说话的时候，声音能更温和一些

当你不愉快的时候，能够用语言告诉我你的苦恼

在表达的过程中，很多人会困惑：为什么我表达了感受，依然得不到良好的反馈？就像一位家暴受害者所说："我告诉老公，'你总是这么冲动，完全控制不住自己，我感到很无助，我希望你面对我的时候不是用拳头，而是用语言'。我觉得我的话完全符合表达的要求，为什么他依然会充满愤怒？"

这就涉及表达的另一面：事实描述。实际上，我们的大脑已经习惯了在第一时间对事件进行归纳、总结，做出判断，从而更好地应对威胁。就像这位女性，她认为自己所说的"你总是这么冲动，完全控制不住自己"是事实，但它只是我们的一种判断。真正的事实描述，关注的是正在发生的事情，比如她可以说"刚才跟你商量谁来帮忙带孩子，你突然就提高了嗓门说我脑子有病"或者"我们正在说话，你突然'砰'地砸了一下桌子"……在事实描述中，不应该有个人评判！

所以，当需要遭到阻碍时，我们可以练习用语言更好地描述事实、表达感受并提出需要。当语言成为有效的处理手段时，愤怒不会有太多生存的空间。

愤怒处理技术之一

表达

第一步，暂停。当愤怒喷涌而出时，对自己喊一句"停"，避免下一步可能的冲动行为。

第二步，呼吸调整。运用腹式呼吸法做三次深呼吸。我们说情绪无法被压制、漠视或否认，但在情绪转变成行为之前，我们至少拥有几十秒的自控力，所以，可以利用这几十秒的时间，迅速调整呼吸。研究发现，呼吸模式的转变，会有助于情绪转变。

第三步，表达感受。用语言识别并表达自己的感受。这里，我们需要丰富的词汇。有一次，我女儿和她的妈妈激烈争吵后愤怒地问我："爸，表达极度愤怒的词有哪些？"我："抓狂，发疯，疯狂。"女儿："我要发疯了。"

第四步，描述事件并界定问题。用语言描述事件，描述个人未满足的需求。同时，描述事件另一方当事人的感受和需要。

第五步，寻找解决方案并行动。围绕双方的需求，邀请对方一起寻找可能的解决方案并开始行动。

需要注意的是，用表达的方式处理愤怒，有时结果会让我们沮丧。原因在于，表达必须得到接纳才能有助于平息愤怒。但很多时候，我们完全无法控制倾听表达者的反应——即便我们准确地描述了感受，描述了事实，依然有可能得不到对方的倾听。所以，一旦表达无法得到倾听时，我们就需要更有效的愤怒处理方案。

体验悲伤——摆脱愤怒的高效路径

前面我们说过，愤怒是一种主动性的选择，是我们用以逃避阻碍、伤害带来的悲伤感的工具。戴维·W.麦克米伦认为，要有效处理聚集起来的愤怒，我们需要重新找到一条通往悲伤的道路。一旦我们抵达悲伤，被愤怒抑制的理智脑就会被重新激活，愤怒感也将因为悲伤体验而逐渐消失。

在史多兹博士令人印象深刻的反家暴干预项目中，针对愤怒的施暴者，他创造了一种干预仪式，取得了90%的完成者一年内无复发性家暴行为的显著效果。借用史多兹所用的干预仪式，我重新设计了处理愤怒的悲伤技巧。

愤怒处理技术之二

唤醒悲伤的力量

第一步，喊停，告诉自己"我能行"。停止愤怒中的行为，用语言表达出愤怒的感受和自己的目标，比如，"我感到非常愤怒！但我不会被感受左右自己的行为，我可以有效处理感受！"

第二步，呼吸调整。闭上眼睛，开始利用腹式呼吸法调节呼吸节奏（保持肩膀不动，吸气时腹部慢慢鼓起，从1默数到4；呼气时腹部慢慢收缩，从1默数到6）30秒钟。

第三步，利用情绪冲浪技术感受悲伤。在控制了愤怒的冲动后，开始寻找愤怒所要躲避的悲伤，比如无助、无力、没有价值、需求不被尊重、需求被忽略、不被爱、被拒绝、被指责、令人讨厌等。在寻找的过程中，可能会感受到强烈的悲伤感席卷而来，这时深吸一口气，把两脚分开，站直身体，展开双臂，挺胸抬头，想象自己正在情绪的海洋中拥抱席卷而来的浪涛，用拥抱欢迎悲伤的冲击。研究表明，诱发情绪能量的化学激素释放时间通常为60~90秒。只要经受住了一次冲击，后面感受到的冲击力度会逐渐减弱。

第四步，表达感受与需要。用非攻击式的语言明确表达自己的感受和需要，比如，"我感到没有得到尊重，我希望你先听完我的意思，然后再发表你的观点。"就如同上面我们提到的，有效表达的基础包含具体的事实描述、清晰的感受，以及明确的自我需要三个方面。

第五步，理解对方的感受与需要。用第四步的方式，理解并表达、确认对方的感受和需要。

第六步，一起寻求解决问题的方案并实施方案。

对很多人来说，愤怒如同洪水猛兽，往往意味着失控的行为和糟糕的结果，是我们需要控制的"不好"的情绪。但就像任何其他被标记为"不好"的情绪一样，愤怒也蕴含着独特的智慧：赋予我们保护边界、面对挑战的勇气和力量。只要我们能在允许自己愤怒的同时，有效管控愤怒行为，管理愤怒体验，那么它与其他情绪一样，也能成为推动人生改变的前进性力量。

第三节　悲伤

在父亲因病去世半年后，阿茶的悲伤越来越浓了。

"我爸爸11月中旬去世的，到现在已经过了半年，但我还是接受不了。最近一个月总是动不动就哭，很悲观。他去世前住院3个多月，一直是我自己伺候，那时像打了鸡血似的。所以，他刚去世时我甚至有时觉得终于解脱了……但是从前两个月开始，我的心情不知为什么越来越差，哭得很频繁，有一天吃着午饭也想他想到哭。最近皮肤开始痒，今天我到医院，医生说皮肤问题跟父亲去世有关系……本来情绪就很低落，觉得活着就很累了，现在还要因为皮肤问题去看病，心里更难受，真是太麻烦了。有时候我都觉得没什么可努力和留恋的了，一想到他永远地离开了我，就很无助，很无助。我想自己走出来，可是太难了……"

当我们面对丧失，或者无法得到自己渴望的东西时，我们会因为无力而体验到悲伤。因为无力感的存在，悲伤成为所有情绪中最使人瘫痪的情绪。

悲伤的影响

虽然很多人厌恶悲伤，称之为"负能量""消极情绪""不良情绪"，希望自己远离悲伤，但与其他情绪一样，悲伤也有积极的一面。

电影《头脑特工队》展现了悲伤积极的一面：面对莱莉转学后遭遇的困境，主管快乐情绪的乐乐绞尽脑汁，想出种种方法取悦莱莉，希望以此帮她摆脱困境，最终却导致莱莉在困境中越陷越深。直到莱莉感受到了悲伤，一切的痛苦才得以终止：悲伤中，莱莉放弃了离家的冲动。悲伤的表情和身体语言，唤醒了来自同伴、父母的支持性力量。在悲伤得到有效表达以及亲人的接纳后，莱莉开始摆脱生活的无序感，个人的掌控感重新出现，生活重回欢乐。

电影生动地呈现了我们一直忽略的一个真理：有悲伤，才会有快乐；离开了悲伤，快乐也将不复存在。

伊泽德和阿克曼1999年的研究认为，悲伤可以减缓我们的认知和运动系统，让我们可以更仔细地审视引起问题的根源，或是自己令人失望的表现和失败。悲伤中，我们的呼吸节奏和心率会降低，血压下降，整个身体更容易进入睡眠休息状态。这种状态可以帮我们更好地储备力量，重新面对挑战。

但有时，悲伤不仅无法为我们储备力量，还会持续造成身心伤害。研究表明，长期的悲伤会给我们对世界的感觉抹上一层黑色，正如很多抑郁症患者感受到的：世界丧失了色彩，只剩下了黑白两色。在悲伤中，希望成了难得一见的奢侈品，兴趣、欲望、信心、力量等感觉逐渐消退，我们的大脑里仿佛有一个永不停歇的声音，在不停地说着诸如"我不行""我做不到""什么都没有意义""我想逃"等否定性、逃避性语言，我们很难相信自己还有力量来处理现实中的一切挑战。

在一次抑郁发作时，白芸感觉自己的世界崩塌了："我苦撑了一上午，受不了了。生活太糟，我什么都不想干，工作太麻烦，生活没有动力，什么都是那么枯燥乏味。我想不通的事情太多了，过去的苦难摆脱不了，就算我挣扎摆脱了，未来也没有什么美好的事物迎接我，生活带给我的只有无尽的痛苦和麻烦。对妈妈来说，我就像一个麻烦、一个包袱。对不起、对不起、对不起，我好累，什么都不想做，就是想哭，想逃离这里……"

白芸在崩溃中所感受到的自我厌恶，是悲伤情绪常见的伴生品。

在生活中，悲伤会为我们带来社交支持。但如果这种支持得不到积极的反馈，比如在社交支持下我们依然长期沉溺于悲伤而无法摆脱，那些支持我们的朋友会因为无力感而逐渐远离，甚至永远离开。所以，悲伤在短期内具有唤醒社交支持、帮我们补充能量等作用，但从长期看，悲伤的影响更多是负面的——面对持久的悲伤，很难避免个人层面的抑郁等困扰，而人际层面，即便是我们身边的爱人都会感受到巨大压力，当他们的关爱长期得不到积极回馈时，他们也将无法避免亲密关系的异变。

所以，悲伤必须得到及时、有效的处理。

悲伤的处理

100多年前，在日本仙台学医的鲁迅曾深深悲哀于日俄战争期间国人的麻木。在悲伤中，他感受到了愤怒和自己的使命，因此弃医从文，开始以笔救国之路。

鲁迅先生战胜悲伤的方案，同样可以作为我们处理悲伤的借鉴。在咨询实践中，我设计了三种悲伤处理技术法，即寻找价值的力量、好奇体验、身体姿势变换法。

悲伤处理技术之一

寻找价值的力量

1. 思维刹车：处理脑海里的自我对话并接纳失去的现实。在悲伤中，我们的大脑会出现无法停歇的自我对话。比如，白芸感到的"我就像一个麻烦、一个包袱……对不起……我好累……什么都不想做，就是想哭……"

在这种自我对话中，我们会感觉失去了对生活的控制，感觉无力做出任何有意义的改变。因此，处理悲伤的第一步，是利用我们前面讲过的思维刹车技术，让喧嚣不止的思维迅速停下来。

阿茶给自己的思维起了个名字——"孤独的我"，当她注意到父亲又出现在脑海时，她会站起来，展开双臂，仿佛看着面前"孤独的我"说："你好，'孤独的我'，我注意到你又来我这里做客了。我非常感谢你关心我的生活，提醒父亲曾经带给我的温暖和对我深沉的爱。对此，我感激不尽。"

这种欢迎、感恩的表达，是接纳钥匙运转的核心，它让我们在面对丧失的同时，摆脱大脑自动化的回忆、想象、推演，而这种无法控制的回忆、想象、推演，是持续痛苦的根源。

2. 觉察需要：当我们为自动化思维踩下制动踏板（即刹车）后，我们需要问自己一个问题："我需要什么？我想要什么样的生活？"

对现在的无力，对丧失的恐惧，以及对过去的回忆，背后都隐藏着我们的需要。比如阿茶，"父亲是我唯一的亲人，他离开了，我在这个世界上变得孤零零的，什么都要依靠自己，看病也只能自己去……"阿茶恐惧的背后，是对亲密关系的呼唤。在触及自己的悲伤、恐惧后，阿茶觉察到了自己想要的生活——我想建立有安全感的生活，我需要建立新的亲密关系，找到被爱和爱人的感觉。

在这一步骤中，我们的任务就是利用爱的钥匙，重新找到自己的需求与渴望，而渴望是悲伤时最重要的前进动力。

3. 意义重构：由于我们的思维会受限于丧失模型，所以摆脱悲伤的重要手段是基于我们的需要与价值观，重构丧失对自我的意义。对阿茶来说，有太多的场景可以唤起她对父亲的回忆，而每一次回忆，都伴随着丧失的痛苦。在这种丧失感的折磨下，她开始远离朋友，回避社交，与自己期望的生活渐行渐远。

我们说过，所有的思维、感受都不能被忽视或压抑，也不能被控制。如果不能有效处理阿茶对父亲的回忆以及由此引发的痛苦，她的悲伤将无法停止。所以，针对阿茶，我们重构意义的重要一步是重新处理她对父亲回忆的角度：从单纯的关注丧失，感受无力，逐渐迁移到关注丧失的意义，挖掘丧失的价值。比如咨询中，我们一起记录她和父亲幸福的点滴，唤起内心感恩、幸福的感受，唤醒父亲对她爱的语言以及爱的期望；然后，我和她一起挖掘丧失的意义。"父亲的离开将让我开始面对自己的恐惧，并独立追求想要的生活。"阿茶说道，"我要拿回生活的掌控权，爱自己、相信自己，用行动追求想要的生活。我想，这也许就是父亲去世给我留下的宝贵财富。"

几周之后，阿茶对失去父亲的恐惧逐渐换成了对拥有父爱的感恩。

4. 开始生活：当我们能够利用思维刹车摆脱悲伤中的思维纠缠，能够利用觉察找到悲伤背后的需求与渴望，能够利用收获心态，重新界定事件意义时，我们就具有了抛下痛苦，开始追求有意义生活的能力。

就像鲁迅先生怀着对祖国的爱开始以笔为刀，向黑暗宣战一样，阿茶也带着对父亲爱的觉察与感恩，重新开始去面对朋友，构建新的亲密关系。

经历过重大悲伤的人都有一个体验：要顺利走出悲伤并不容易。在感受中，我们很容易丧失行动欲望，尤其是一些复杂的仪式。所以，面对困境，有时我们需要掌握另一个更简单的诀窍：体验情绪变化。

在崩溃中，白芸再次走上了天台。幸运的是，在天台上，她给我发送了几条信息，讲述自己的绝望，讲述父亲的残忍，讲述对自己命运的不甘……在绝望中，她给我发来了带着浓烈痛苦的信息："对不起、对不起、对不起……我头晕，对不起，我没办法做平常习惯了的练习……"

我很快又回复她："在绝望的冲击下，你依然会感到很愧疚？"

当时，我并不知道她在天台上，也不知道她下一刻的打算，直到第二天她给我发来信息，告诉了我当时的情况：

"这前一秒我还在想，从这儿跳下去的后果是什么，是残疾还是死亡，我可不想残疾，我怕疼，也太对不起我妈妈了……直到看到你的信息——'在绝望的冲击下，你依然会感到很愧疚'，我的大脑好像被什么东西敲了一下，突然间，我开始感到羞愧，大脑里不再充斥着死亡的念头了……我以为一直思考下去能解开我的结，只要想通了，就可以根治的。我始终想不通，就像一个雪球越来越大。于老师，谢谢你，我还是回来了。"

在那一刻挽救了白芸的，不是别人，正是她自己。当她在绝望中转移了视线，并突然体会到流动的情绪时，阴郁的大门被打开了。这种情绪的变化犹如带来一道穿透黑暗的温暖阳光，开始带她跳出绝望的旋涡。拯救，就在这种转变中自然发生了。

所以，如果你正深陷悲伤、绝望的困境，不妨也试试情绪转变的力量。这种转变，可以面向愤怒、羞愧，但由于愤怒和羞愧本身拥有很多负面作用，所以，向着好奇转变，很多时候都是更有效的选择。

悲伤处理技术之二

好奇体验

选一个舒服的姿势站好或坐好，慢慢地闭上眼睛，保持平稳的呼吸节奏，比如调整成腹式呼吸节奏，让呼吸变得舒缓。

带着好奇去觉察自己胸腹间的感受，比如有些沉闷，有些阴郁，有些颤抖……无论是何种感受，去觉察它们。

现在，想象自己用双手将悲伤从胸腹间取了出来，把它抱到自己的面前。试试调动自己的感官，去感受面前的悲伤：它是什么形状？什么颜色？有多大？外表是怎样的？摸起来是什么感觉？有多重？是什么气味？有没有声音？用手敲一下，它会发出声音吗？带着好奇去感受它。

做完这些后，你想象自己的意识站到了抱着悲伤的自己面前，就像一个旁观者，正在观察自己以及面前的悲伤，试着去感受面前悲伤中的自己，你有什么想告诉自己的？现在，试着让自己的意识慢慢向后退，让更多的场景信息进入意识的眼睛，试着在关注怀抱悲伤的自己的同时，留意身边的世界正在发生什么。从更远的角度观察，你有什么感受？有什么想对自己说的？

现在，想象自己突然意识到，你面前正在观察的不是现在的自己，而是10年前的记忆。经过10年，你已经过上了自己想要的生活。现在，面对10年前那段痛苦的记忆，你有什么想对它说的？

你记住自己想说的话，想象意识重新回到了身体，想象自己重新把手上的悲伤放回了心里，重新带着悲伤调整呼吸3次，然后慢慢睁开眼睛。

从需求满足的角度讲，好奇拥有与生存同样的优先级。因此，不只对悲伤，对恐惧、焦虑、愤怒、沮丧等任何一种情绪，我们都可以调动好奇的力量进行处理。

在本书的一开始，我们曾经讲过三水的故事，她在完成了简单的身体调整之后，重新感受到了久违的力量与希望。如果你愿意，也可以尝试三水所用过的方法，该方法源自海耶斯教授的公开推荐。他认为，面对困难，我们是采用防御、战斗的姿态，还是开放、接纳的姿态，直接决定着我们生活的状态。一项涵盖几千人的研究证明，防御、逃避无法带我们摆脱困境，而开放、接纳的姿态则会支持我们赢得向上的生活。

所以，如果在困境中你迟迟找不到出路，不妨试试这个练习。

悲伤处理技术之三

身体姿势变换法

该练习包含两部分：第一部分是练习，通过肢体模仿完成对比觉察；第二部分是应用，在遭遇感受困扰时采用开放性的身体语言，接纳痛苦并培养全新的体验。

第一步，闭上眼睛，想象自己是一位世界级的雕塑大师，你的雕刻对象是自己的身体。现在，你要雕刻出这样一种姿态，它能让旁观者一眼看出你正处在自己人生最糟糕的时刻，也就是当你感觉被完全困住、无能为力、最为艰难的时刻。也许，你现在正处于这样的状态。试着用你的身体模仿出雕塑的姿势，保持三秒钟时间。

第二步，慢慢调整呼吸3次，让自己切换到下一个姿态：想象自己正在雕刻另一个自己，这时的你处于自己人生中最好的时刻，也就是当你感觉自己充满了力量，或者获得了成功，或者感觉非常完美的时刻。用自己的身体摆出一个姿势，模仿出这座雕塑。继续调整呼吸，并保持这种身体姿势一分钟。

请睁开眼睛，你能感受到身体姿势变化带来的不同感觉体验吗？

在一项全球跨文化研究中，人们注意到不同国家、不同种族的人在自己最糟糕的人生时刻，都会陷入一种低头、闭眼、蜷缩、防御式的无力姿态；而在自己感受辉煌的时刻，动作则恰好相反，会昂起头、睁开眼睛、张开双臂，尽量放大自己的身体，充满了开放性和力量感。一项涵盖了几千人的数年跟踪研究发现，在可见的将来，防御式的身体姿态往往预示着更糟的结局，而开放式的身体姿态，则预示着生活在继续向上。

第三步，任何时候当你遭遇感受困扰，不管它是悲伤、愤怒、沮丧、恐惧、无助或是其他不愉快的情绪，试试重新摆出第二个开放性的身体姿态：睁开眼，两脚微微分开，身体挺直，头微微昂起，向上张开双臂，手心向上、向前展开，如同要拥抱即将到来的一切。然后，保持这种姿势的同时，用语言告诉自己：好的，我知道自己感到悲伤（或愤怒、焦虑、恐惧、无力），但这只是我的感受。现在，我可以做出不同的选择：我可以拥抱这些困难的感受而不再试图挣扎、躲藏或逃离。这是我的感受，它应该有自己存在的空间，我不会再试图驱赶它、逃避它或者否认它。我可以拥抱它……来吧，我能拥抱自己的痛苦，这种感觉很酷，让我感觉自己非常坚强而有力量。

有研究证明，看似简单的身体姿势变化，其实具有巨大的身心影响力：从弱小姿势转换成开放姿势后，体内皮质醇含量会减少25%，也会给自己和他人以更有力的感觉，这种感觉会转化成自我期待，带动我们持续前进。

你在习惯了这种身体姿势的变换后，一旦遭遇不愉快的感受困扰，可以直接使用第二种开放式姿势对感受踩下制动踏板。

对悲伤的接纳会让我们停止内耗，有更多的精力去追求自己想要的生活。在一些案例中，我能清楚地看到快乐带来的康复力量：通常，我会建议来访者找两三个好友，每天通过微信、邮件、短信或面对面的方式分享两三件自己感觉快乐的事情，这样几周、一个月或者几个月后，来访者更容易摆脱悲伤，开始自己的生活；或者，当朋友支持力度不足时，我会建议来访者每天上床前回忆并记录自己的三个有意义的收获，并在想象中再次体验收获带来的满足感、幸福感。

人类大脑的特点在于我们重复什么，什么就会得到强化。所以，如果我们重复体验悲伤，悲伤会被强化；如果我们重复体验美好、感恩、收获等积极的适应性思维与行为，那新的积极的适应性的思维和行为也会被反复强化。

需要提醒的是：要形成有效的悲伤处理能力并不容易，这可能需要长达一两个月每日不断的反复练习。我们无法通过"我知道要这样做"或者"我一定会这样做"来完成习惯的改变。要重建个人心理灵活性，形成适应性的思维、行为习惯，我们需要从当下开始，借助有效的思维与行为练习驱动自己不断重复，不断实践。

第四节　羞耻

羞耻是生活中常见的情绪之一。当我们遭遇拒绝、失败时，当我们觉得自己的表现让自己失望时，当事情的进展未达到我们之前的期待时，当我们的行为违反了个人或社会道德准则时，我们都会有强烈的羞耻感：包括迅速评判自己，然后脖子可能变红，脸会发烧，我们可能会低下头或遮住脸，或看向别处，远离让我们羞愧的场景。

在羞耻研究领域颇负盛名的布琳·布朗教授指出：指责式评判是羞耻最核心的诱因。而我们日常面临的指责性评判中，有99%来源于自己。这让我们根本无从逃避。

羞耻，是对自我的否定。内桑森研究了大量的咨询实践，发现很多咨询师都认同这样一个观点：羞耻是导致心理病理的首要因素。在有抑郁问题的来访者身上，我们很容易就能发现强烈的羞耻感。

羞耻的影响

从进化功能的角度来看，羞耻是一种前进性的力量，它会推动我们调整行为。但现实中，几乎没人会喜欢羞耻体验。当它出现时，我们的思维会变得混乱，自控力与表现会迅速变差，面对他人显得笨拙而顺从。

在羞耻中，我们通常会面临两个挑战：第一，承认自己犯了错；第二，为错误承担相应的责任。这两者都会让我们受伤。面对伤害，如果我们试图逃避，那么我们很容易遭遇困境。戴维·C.麦克米伦认为，羞耻导致的最严重的心理疾病通常都发生在这种回避中。因为缺乏面对自己的伤害性行为并承担责任的勇气，我们常常会将责任推给他人。

我们一旦感受到羞耻，就很容易进入海耶斯教授所说的"认知融合"状态：我们认为自我的核心是羞耻的，以至于我们不配和人接触。

极度的羞耻会引发自我厌恶。这种不可承受的感觉，是上瘾行为的核心——很容易导致我们将自己隐藏于抽烟、喝酒、暴食、上网、玩游戏等刺激行为中。

在诱发上瘾行为之外，羞耻也是很多强迫问题的核心。正如不断吞咽口水的阿真所言："我咽口水的声音太响了，我觉得大家都会注意到我，这让我感到非常羞耻。可是，越羞耻，我就越紧张，咽口水的声音就越响……"对阿真来说，"羞耻—强迫"是一个持续向下的恶性循环。

还记得因出轨而感到羞耻的阿军吗？虽然他希望改善夫妻关系，维护自己的家庭，但他无法有效处理羞耻感——在羞耻中，他开始远离妻子，加班、熬夜，让自己越来越忙，让夫妻相处时间越来越少……他的行为选择正在又一次远离自己的目标。如果他无法有效处理这种羞耻感，他的婚姻将很快走向终点。

实践证明，如果我们害怕羞耻，选择回避羞耻，那这种感觉只会越来越强烈，而非像我们所希望的那样越来越少。

如何有效处理羞耻

布琳·布朗教授认为，在自我评判之外，沉默、隐藏是羞耻得以发展壮大的另外两大主要原因。因此，面对羞耻感，我们第一个有效的处理技术就是：公开表达。

阿凤的妈妈在23年前去世，她与父亲相依为命。多年来，父亲一直没有再婚，被公认为最靠谱的男人和老爸。但就是这样一个形象高大的爸爸，在被诊断出癌症并进行手术治疗后，彻底变了。

爸爸手术后，阿凤请假陪床。作为独生子女，作为爸爸唯一的依靠，她每天虽然累，却无怨无悔。在爸爸住院过程中，有两天因为一些不得已的事情，她只好拜托一位最信任的闺密帮忙照顾父亲。朋友很用心，两天两夜衣不解带待在医院。对此，阿凤感激不尽。

可不久，阿凤就得知了一件难堪的事情：阿凤请来的女护工愤怒地辞职时，给她发来了几张照片，都是老人当着她的面露阴、摆弄的行为……她很快了解到：自己最好的朋友在医院的两天里也曾多次被摸胸，也多次看到同样的场景。

阿凤迅速病倒了，她被眼前的"事实"击溃了。她说："虽然不能治愈，但尽孝道是我唯一能做的，可是他居然干这个！我很生气，我恨他，很想拔了他的管子不给他治了！照片我看到了，感到愤怒和恶心，挥之不去……我还怎么面对朋友？每一次面对她都会让我想起我爸对她的伤害，让我觉得我永远亏欠人家！我要疯了，不光是肉体上的累，我心灵上也感觉被玷污了！恶心至极！无法形容！"

为了摆脱困境，阿凤打过心理热线哭诉，但无奈对方除了安抚，无法提供更多帮助。至此，阿凤开始失眠，大脑里总想着这件事："我感觉一万个恶心，一万个对不住闺密，一万个羞愧！"

阿凤要处理的第一个问题，是不断在脑海里闪现的那些照片。我们前面讲过的思维闪回等技术处理方案可以有效帮到她。

闯入性思维之外，阿凤要处理的第二个问题，是对朋友的愧疚以及内心的羞耻感。当我建议阿凤去面对并坦白自己的羞耻时，她有些犹豫，但终于还是带着急切的沟通欲望，见了自己的好友。在道歉的同时，阿凤分享了内心的羞耻、愤怒等感受。"她原谅了我，觉得我很不容易。最重要的是，我把话说出来后，心里头轻松多了！目前我的状态还不错！"她告诉我。

表达是处理羞耻的重要手段，但仅仅是表达，有时依然无法帮我们摆脱羞耻，比如坦白出轨，并想改善夫妻关系的阿军。一段时间后，他依然非常绝望：我既然无法面对妻子，那如何才能改善我们的关系？

阿军的问题，就是困境中常见的认知融合问题：过去的错误就像一团无法散开的乌云，笼罩着阿军，以至于他认为自己就是那团乌云，自己就是可耻的、不值得被原谅的。

在强烈的羞耻中，阿军无法逃离认知融合带来的谎言。其实不只是阿军，羞耻中，绝大多数人都无法走出这种谎言——这一谎言让我们感觉渺小、想逃，让我们无力行动，无力做出有效的改变。

在谈到思维困境时，对认知融合的问题，我们提供过多种针对性的训练方案，比如思维观察法、命名对话法等。由于自我意识情绪的核心是思维，所以思维处理法可以有效处理羞耻感。

比如阿军，针对自己羞耻感的思维处理方法可以非常简单：给它起一个名字，如"错误提醒"。当他注意到"错误提醒"出现时，他就可以做出开放的姿势，深呼吸，然后进行下面的对话。

"'错误提醒'，你好，我注意到你又来了，欢迎你。非常感谢你关心我的生活，提醒我曾经的错误。你要说的我已经知道了，我会用行动继续向着自己的目标前进的。现在，请你自便，我要继续做事了。"

在思维处理方法之外，阿军也可以利用摆脱感受困境的六把钥匙，采用全新的情绪转换处理方法。下面，我们看看哪些钥匙会对阿军有用。

"我甚至不能看着镜子中的自己，"阿军说道，"一看到这张脸，我就会想起曾经对妻子的伤害，这让我感到恶心。"

"想到过去你会认为自己恶心。你认为自己是问题的根源。"我回复他。

阿军："是的，我不能忘记她伤心痛苦的表情。"

我："这真的很难。你的行为对她造成了伤害，对此你一直饱受折磨。所以你选择向她坦白，并向她道歉，但没想到她的痛苦依然留存在你心里。"

阿军："是的，我想维护这个家，我以为这样就会让我摆脱痛苦，但是太难了。"

我："嗯，没想到自己会一直经受羞耻的折磨。"

阿军："是的，尤其是她在经历了这么大的伤害后，能这样轻易地原谅我。每次看到她的笑脸，我就想起自己的可耻。"

我："你认为自己应该为错误的行为受到更厉害的惩罚。"

阿军："是的，没有惩罚，让我觉得心虚，觉得在她面前要低她一等。所以我怕与她相处，我不想感觉到自己非常渺小。"

我："嗯，感觉精神上矮了一截。当妻子说原谅你，愿意跟你重新找回生活时，你是什么感受？"

阿军："震惊，感动。我非常感激她能给我机会。"

我："她面对如此大的打击，依然做出这种选择，你为她的表现骄傲吗？"

阿军："是的，我觉得她非常了不起。对比之下，我却更加差劲了。"

我："你爱她吗？"

阿军："当然，否则我为何会如此痛苦？"

我："向她坦白你的错误，你觉得很容易吗？"

阿军："很难，多亏有你的支持。否则我可能还在继续隐藏。"

我："这是你自己的选择。选择面对错误并承担责任需要巨大的勇气。你不认为自己的选择值得自豪吗？不是所有人都有这样的勇气。"

阿军："确实，想到这里，我确实有一点自豪。"

我："想象一下，5年后你和妻子手拉着手走在路上，突然遇到了承认错误时的自己。你非常感激他的勇气和抉择，你有什么想对他说的吗？"

阿军："嗯，谢谢你的勇气，谢谢你做出的选择，如果不是这样，我们没有今天的平静和美好，我为你负责任的行为感到自豪。"

我："你觉得如果妻子现在在你面前，你想说什么？"

阿军："我爱你，老婆，我会用一生对你负责任的。"

我："现在你觉得如何？"

阿军："我觉得好多了。"

我："是的，这就是自豪的力量。对处理羞耻感来说，自豪是最有效的解药。我这里有个练习，每天坚持做10分钟，你会有机会摆脱困境，重新找到幸福的。你愿意试试吗？"

阿军："好的，我可以试试。"

羞耻处理技术之一

激发自豪的力量

1. 接纳：面对并用语言接纳自己的羞耻感。比如，"是的，想到曾经所犯的错误，我感到很羞耻。我很抱歉，这给我爱的人造成了伤害，但我知道，羞耻是我前进的动力，我愿意用行动来弥补我的错误。"

2. 觉察：调整呼吸，觉察羞耻背后的感受，比如无助、无力、没有价值、需求不被尊重、需求被忽略、不被爱、被拒绝、被指责、令人讨厌等。试着张开双臂，让这些不愉快的感受像海浪一样冲刷自己，坚持90秒。

3. 自我同情：闭上眼睛，想象自己最好的朋友遭遇了这一切，正陷入痛苦，而你想要给他（或她）支持、温暖，想帮他（或她）走出困境。想一想你会跟他（或她）说些什么。把你想说的话写到一张纸上，大声读给自己听。愿意的话，你可以把这段话录在手机上，任何时候当你感到脑海中出现羞愧、自责、自我否定等声音，把它放给自己听。

全球自我同情研究的领军人物克莉丝汀·聂夫博士认为，自我同情的关键聚焦于三个方面：一是现实，包括发生了什么，个人的感受是什么；二是人性化，包括"这是每个人都可能遭遇的，世上没有完美的人，我也会犯错，但我有勇气承担责任并改正错误"；三是对自己好一些，包括问问自己，我可以对自己温柔一些（我可以更耐心、我可以更强大、我可以接纳我真实的样子、我可以原谅自己）吗？

4. 寻找自豪感：发现自己行为中值得自豪的一面——承认并承担错误，从错误中找到收获，向着正确的方向前进，等等，体验这种自豪的感觉至少一分钟。

很多来访者一开始会对此感到茫然：我找不到自豪的理由！实际上，羞耻本身就蕴含着理由——它意味着我们承认了错误并想做正确的事情。在任何时候，面对错误并从中找到收获，都是人生宝贵的品质之一。

5. 向着正确的价值观行动。

有些来访者的羞耻感来自童年不堪的经历。

"我觉得自己很脏，十几岁曾自杀未遂过，一直觉得没有人理解我，都是在逼我做不喜欢的事。他们不知道，我内心有多绝望，我看不到未来的希望。"

由于孩子自我归罪的思维特性，他们很容易将遭遇的不幸归结到自己身上。从童年被虐待过的来访者口中，我经常能听到诸如"我不配""我不值""我活该""我是个坏人"等话语。

这些孩子成年后，童年的噩梦依然会持续折磨他们，依然会让他们不时产生自责、羞耻的感受。要有效帮到他们，前面介绍的菲利普·津巴多教授的时间观疗法也是非常有效的手段。这里，我们再介绍一下海耶斯教授推荐的一个自我同情练习。

羞耻处理技术之二

自我同情（摆脱童年伤害）

1. 回忆：闭上眼睛，去回忆自己童年最初遭遇这些困扰时的年纪。
2. 观察：想象幼年的自己遭遇这些困扰时的样子，比如头发、衣服、面部表情、身体姿态，等等。
3. 想象：想象你内心的自责、内疚、自我贬低等语言出自那个孩子口中，他（或她）正在对年幼的自己说这些攻击性话语，而你站在旁边，看着他（或她）对自己说着那些无情的话。
4. 同情与支持：你想帮助这个年幼的孩子，想想你会怎么做来让他（或她）感受到温暖、支持？在想象中进行表达、做出行动，去安慰那个陷入痛苦、无助与恐惧中的孩子。想象孩子得到安慰、获得了力量的样子。然后，慢慢睁开眼睛。

如果你正遭遇羞耻困扰，记住一点：它是我们前进的动力之一！自我评判、沉默、隐藏等处理方式都会强化它的力量；而表达、接纳、自我同情等则会削弱它的力量，并让我们继续按照正确的价值观去行动。

在面对而非逃避的过程中，在勇敢地展示我们的脆弱时，我们更容易让羞耻成为带动自己积极改变人生的力量。

第五节　无力与绝望

很多时候，我们会感觉到无力，并因无力体验到深深的绝望。

认知行为疗法的创始人贝克教授研究发现，与抑郁症的其他症状相比，被剥夺、无望等带来的无力感和绝望感，与自杀之间存在着高度相关。

这种无力或者绝望，有两种不同的源头：一种源于技能不足导致的现实挫折，以及由此带来的消极自我评价，比如"我很差""我完全看不到希望""我无法改变自己"；还有一种，源于人际关系冲击带来的自我追问，比如，"为什么父母要这样对我？""为什么其他同龄人要排斥我、欺负我？""为什么我的婆婆要这样干扰我的婚姻？为什么我的老公无法站出来保护我？"

对一些孩子来说，由于技能缺乏及自我价值观尚未成熟，这两者往往是彼此重合的：因为亲密关系和自我技能不足的问题，导致极低的自我评价，从而遭受双重打击。

15岁的鱼子就深受其苦："我成绩不是很理想，父母每天都会说些刺激我的话。比如：

"我生你有什么用？

"养你真是白养了，不争气！

"等过了18岁，你就自生自灭吧。我不养你了，以后也不指望你能养我。

"作孽啊，怎么生了你！"

…………

在父母的攻击下，鱼子的脾气越来越差，开始扔东西、摔东西。再后来，她开始习惯性否定自己："每次他们说我，我都特别难过，感觉自己就是个废物，连呼吸空气都是错的。如果不惩罚自己，我感觉自己会疯掉的。父母说得对，我是一个差劲到极点的人。我很想离开这个世界，不知道每天活着的意义是什么。父母说就算我死了，在地狱也是个失败者……"

"我很痛苦，怎么办啊？"她绝望地问。

鱼子是不幸的，因为父母的"错爱"，她的少年生活充满了来自亲人的侮辱、嘲讽、拒绝等攻击，这让她遭遇巨大的心理危机。

但同时，鱼子又是幸运的。因为即便在这样的痛苦中，她依然有能力问出正确的问题："我怎么办啊？"她的生活改变的契机，就隐藏在目标导向的问题中。

在普通人的观念中，无力、绝望是极"坏"的情绪之一，是需要我们远远地躲开的。但在我看来，无力、绝望有着积极的意义：它是遭遇困境的警示灯，其价值在于唤醒我们关注问题并积极寻求有效的解决方案。

事实上，每个人都会感受到无力，包括专业的咨询师。一位来自吉林省的求助者讲述了她的遭遇：因为成长环境，她人际交往能力很弱。为改变自己，她找到一个咨询师，可能她无意中的话语使咨询师感受到了无能为力和自卑吧，结果在咨询过程中咨询师开始和这位来访者作对，不但不照顾来访者的情绪，反而报复性地偏向他人来指责来访者，说了些非常有悖职业道德的话。

无论这位来访者的描述是否客观，它都说明那位咨询师当时被无力感控制了行为。

欧文·亚隆被誉为20世纪美国极具影响力的十大咨询师之一，《日益亲近》（*Every Day Gets a Little Closer*）一书是他与来访者金妮接近两年的心理治疗手记。在书中，亚隆医生一开始就披露了自己的感受："她对我的理想化，有时让我觉得沮丧，甚至绝望。"实际上，在后来的治疗中，无力甚至绝望的感觉时不时会笼罩在他的心上。

"我三番五次地说着同样的话，但一切都是徒劳。"

"治疗结束的时候，我感到绝望，搞不清该如何向她灌输她所拥有的权力。"

"我只有一种很强的工作无效、一切都停滞的感觉。"

"很伤感的一小时，一切都变得越发苍白了。我很受挫，觉得自己无能，困惑于不知道该往哪里走。"

…………

从无数的来访者的故事中，以及包括亚隆医生在内的众多行业专家真实的体验中，我们可以再次发现一点：没人能够掌控一切。实际上，为了解决恐惧感，我们在成长过程中不断被训练出一种错觉：我能够，也应该要掌控一切。

这种掌控一切的错觉，是无力、绝望的源头。

在心理灵活性重建中，来访者首先要做的，是重新体验掌控生活的感觉，尤其是对处于无力、绝望状态的来访者来说，这种"我能控制生活"的感觉至关重要。

但这种全新的掌控感，并非要"掌控一切"，而是建立于自我行为掌控之上——我们所能控制的，只是我们当下的选择、当下的行为（在白熊试验中，我们已经看到，思维是不能控制的；在欢乐控制试验中，我们也知道，情绪是不能压制的）；而通过行为的变化，我们会逐渐掌握思维处理、感受处理的有效技巧，进而改变自己命运的走向。

这是一个看似悖论的真相：掌控生活的秘诀，是放弃我们所习惯的控制。比如前文提到的鱼子的故事。

作为未成年的孩子，鱼子无法控制父母的表现。所以，当她在痛苦中发出"他们为什么要这样对我？为什么我的生活就这样不幸？"的呐喊时，她的痛苦不仅无法减轻，反而会因为无力和受害者心态的影响，陷入更持久的内耗。

面对无力，如何才能有效获得掌控感？答案首先在于即时行为改变带来的感受改变。在行为心理学的研究中，人们发现了一个重要的改变链条：刺激—行为—奖赏。当一种行为得到有效回馈时，下一次同样的刺激情境很容易引发相应的行为。

比如喝酒行为，当压力出现时（刺激），如果一个人感到心烦意乱，他喝了几杯酒（行为），之后他感觉舒服多了（奖赏）。那么，下次遇到同样的刺激（压力），他很容易选择同样的行为（喝酒），然后得到同样的奖赏（舒服）。这是一个自我强化的改变链条。自残习惯的形成，同样是这个反馈链运作的结果。

所以，面对无力、绝望，我们需要借助这种"刺激—行为—奖赏"的改变链条。

对鱼子，我教给她的第一个练习是上面提到过的"身体姿势变换法"。在身体姿势的变换过程中，她重新体验到了生活的掌控感——自己可控的、简单的行为改变，就能让"我"改变当下的感受。

在身体姿势变换之外，因为她的日常生活充满了太多苦难，所以她有必要掌握第二个练习：感受放手技术。该技术的核心，是通过练习，在接纳无可避免的痛苦之后，掌握感受转换技巧——虽然很难，但"我"可以接纳痛苦，"我"也可以拥有幸福。

无力与绝望处理技术

感受放手技术

1. 想象：考虑一件消极的事情，或消极时刻（尴尬、恐惧、羞愧等不愉快体验）——多数时候，这是自动出现的；之后，再考虑一件积极的事情或时刻（一段美好的记忆、激情、美好的未来视角等）——任何能激发好情绪的事件或时刻皆可。

2. 记录：拿出一张纸，在一面写下消极体验，在另一面写下积极体验。

3. 体验转换：倒计时30秒，将纸翻到记录消极体验的一面，去回忆、感受那消极的体验，任何想法都允许；之后，倒计时2分钟，将纸翻到记录积极体验的一面，单纯去回忆、感受积极的体验。

4. 放手：反复练习第三步，直到能像变换电视频道一样熟练切换感受！

对鱼子来说，短时间内她依然难以远离父母的伤害，但至少在无力与绝望时，她知道还有其他更有效的选择。她一旦重建了个人心理灵活性，当下痛苦的生活就不再意味着绝望的未来。

所以，当陷入"为什么受伤的总是我"之类的绝望时，记得我们可以像鱼子一样选择换个问题："我应该怎么办？"在"怎么办"而非"为什么"中，我们会逐渐摆脱困境，重新掌控自己的生活。

在《格兰特幸福公式研究》报告中，哈佛大学医学院罗伯特·瓦尔丁格教授介绍了自己和前辈们历时70多年的幸福研究成果，其中明确指出：对波士顿456名困难儿童的追踪显示，尽管青少年时期困苦不堪，但成年后他们中有很多人依然能取得不错的成就。其秘诀就在于三种能力：有效处理沮丧、管理情绪以及与他人合作。

所以，面对困境，掌控自己的行为，建立适应性的习惯，有助于我们重新掌控自己的生活。当然，作为一系列思维活动的结果，无力、绝望感同样可以借助思维刹车等技术有效处理。

在咨询中，面对一个个痛苦的人生，我每次必会引导来访者练习的就是好奇、开放、接纳的姿态：我的感受是什么？它来自我身体的哪个部位？它带来了哪些感受变化？——重建心理灵活性的核心不是让我们不再有痛苦，相反，痛苦是人生的一部分，我们需要学会如何面对、接纳并体验痛苦，去感受并利用痛苦的智慧，然后继续用行动勇敢追求自己想要的生活。通常，这会为来访者带来有意义的变化。

因此，本书所呈现的练习仪式的核心目标之一，就是引导每位读者走上这条全新的感受处理路径：放弃控制与逃避，去练习面对并体验不愉快的感受，无论它们是悲伤、愤怒、沮丧、失望、无力、绝望、羞耻、脆弱或其他让自己不快的感受，去练习发现并利用它们的力量，让自己过上有意义的生活——哪怕这意味着我们的行为会背离当下的感受并让我们感到极不舒服！

对每一个想要摆脱内耗困境的求助者来说，这都是有效的自我康复路径之一。

当无力、绝望的源头并非自我评判，而是他人的影响时，我们还需要有影响并改善人际关系的技巧和勇气。实际上，除了上面我们介绍的方法，处理无力、绝望最有效的方式，就是有效地解决问题。

生活中，除了上面列出的五种情绪问题，还有很多不愉快的感受，比如自卑、孤独、被孤立、不被重视、被冷落、被排斥，等等。这些感受，分析其背后的起因，都会有身体的紧张感和思维里无法控制的自我对话现象出现。换句话说，与羞耻、无力、绝望等感受类似，它们是身体反应加上思维活动的产物。因此，要有效处理它们，我们可以首先使用本章介绍的放松、接纳、欢迎等感受处理法，再配合上一章介绍的思维观察、对话等方法。

比如对自卑感的处理。第一步，使用情绪冲浪法，体验自卑时强烈的渺小、软弱、无力的感受，任它冲击我们的心灵；使用呼吸调整法，将身体从战斗/逃跑模式调整到放松/休息模式。第二步，在接纳和放松之后，去观察自己的思维，比如，"我有一个想法，我感到自卑，不如别人"，或者用思维命名对话法："欢迎你，大脑先生，谢谢你关心我的生活，提醒我自己的渺小。我知道你的意思了，但我现在还有事，所以无法招待你，请自便。"无论哪种思维处理方法，只要能帮你摆脱内耗，开始有意义的行动，就是随时可用的。第三步，继续向着正确的价值观前进。

在使用本书介绍的情绪处理技术过程中，无论哪种思维或哪种感受，你都可以通过尝试不同情绪处理技术的组合，找到适合自己的独特方案。

Tips

感受处理的核心是有效的仪式与反复的练习。如果你使用了正确的技巧，并在每日反复练习，两周后依然无法摆脱痛苦，尤其是无助、绝望等痛苦，请尽快求助于医生或专业心理咨询师。

练习吧

面对下列求助者遭遇的问题，你能给出一些可行的建议，帮他们顺利走出感受困境吗？

1. 我被确诊为中度抑郁、中度焦虑、中度恐惧，我不明白为什么会这样。平时我很开朗，我会努力压抑自己的坏情绪，很少在别人面前表现出来。我冲人发火的次数屈指可数，可为什么我身边的朋友却越来越少？我该怎么走出困境？

2. 有时我会想到"死",仿佛大脑里有个声音不断告诉我,"活着这么痛苦,还不如去死"。我得时刻与它战斗,比如让自己忙起来,让自己快乐起来,让自己的情绪高涨。我想让自己好起来、优秀起来,可是感觉好累啊。我该怎么办?

3. 生活里常有一些突发的事情让我烦恼,结果我就没法好好看书。但看到大家都在努力学习,我又会开始焦虑,想要强迫自己读书,但根本做不到,大脑里有各种念头,根本静不下心来。于是我会特别难受、自责,觉得自己非常差劲。然后我会用玩游戏、上网来转移注意力,可过后又会自责,你能不能帮帮我?

4. 我害怕自己会一事无成,所以每件事都希望能做到最好。但实现起来真的好难。就比如我想要好身材,我想减肥,从饮食到锻炼,我都开始控制,体重已经从55千克降到了52千克,但我还是觉得不够,觉得要对自己再狠一些。结果从昨天开始,我受不了压力,崩溃了。这两天吃了很多的汉堡、炸薯条,喝了很多可乐……然后我又开始自责,想放弃,结果又会在心里鞭挞自己。很多事情都是这样,我该怎么办?

5. 这几天我又陷入了极度的自卑中无法自拔,那些我恐惧的缺点汹涌而来,进一步加深了我的恐惧。我不想面对它们,所以我开始埋怨父母,埋怨家庭:你们既然没能力教养孩子,那生我干吗?老是指责我,说我不如别人家的孩子,在他人面前嘲笑我的缺点,不允许我犯错……想起这些,我总是有想死的感觉。我知道过去的都已经过去了,但我控制不住自己的痛苦,我该怎么办?

6. 去年被确诊为抑郁症，服药后，我一直以为好了。但今年工作压力很大，因为是自己创业，感觉无处可逃，日复一日地感到焦虑、恐慌。每天我都要给自己打气，告诉自己不要怕，不要焦虑、沮丧，不要发泄负能量，要散发正能量，要努力快乐。可是我觉得非常累，可能承受不住了，我该怎么办？

7. 我在做心理咨询，但对于咨询师的询问，我总是非常抵触。我担心万一说出内心真实的想法、感受，尤其是那些有负面情绪的部分，会引起咨询师对我的鄙视。别人的态度，总会让我紧张，我该怎么办？

第六章

摆脱人际困境

哈佛幸福研究无可争辩的结论之一，是人际关系决定着我们的幸福水平。在咨询中，我们可以发现，来访者面临的无论是思维困扰抑或是感受困扰，其最初源头，多数情况下都与人际交往有关。

社会需求无法满足，是人生面临的最大痛苦。

高三的何佳就是这样。她是美术生，正在外地参加强化学习时，偶然得知奶奶已经去世一个月了，她错过了奶奶的葬礼——为了不影响她的学习，爸爸妈妈对她隐瞒了这个消息。何佳对此非常愤怒，因为奶奶是她关系最亲密的家人。到最后，何佳对父母的愤怒逐渐转化为对奶奶的思念，她陷入了持续的悲伤。困境中，她每天都会向妈妈倾诉，但很遗憾，妈妈的安慰、开导、建议等努力，都无法给她有效的支持。

当她联系我时，她已经因抑郁而住院治疗了。她给我发来一段自己和母亲的微信对话。

妈妈：你要乐观一些。

何佳：我很乐观，只是我再也没有奶奶了，一个我最爱最爱的人。

妈妈：我理解你，但你也别折磨自己了。你看你把自己折磨得都住院了，这就是代价。

何佳：你到底懂不懂我？

妈妈：我好想你像别的孩子一样健康成长，没别的意思。

何佳：以后还是别交谈了。

何佳的妈妈不知道，自己已经在无意中掉入一个人际陷阱：镜像神经元匮乏——在沟通中，妈妈以为自己理解何佳的感受，希望指导何佳重新找回生活，但她忽略了自己所说的话甚至没有让女儿说出一个"是"字——它们不是何佳的镜像神经元系统想要的！

为什么会这样？妈妈的"理解"为什么得不到孩子的认可？

这就涉及我们大脑的镜像神经功能。

近年来，神经学家在研究猕猴前额叶皮层的时候，发现一个奇怪的现象：一些需要在扔球、吃香蕉时被激活的神经细胞，也可以在它看到另一只猴子扔球、吃香蕉时被激活。换句话说，看到其他猴子的行为，对自己的大脑会产生同样的刺激。

最终，科学家将这些细胞命名为镜像神经元。研究表明，镜像神经元可能是人类同理心的基础，因为它让我们真的体会到别人的感受。2007年，镜像神经元研究领域的一位领先人物拉马钱德兰博士在一篇文章中提出："我把镜像神经元称为同理心神经元，因为它们消解了自我与他人之间的屏障！"

为什么何佳拒绝接受妈妈所说的"我理解你"，原因就在这里："我理解你"是一种理性的自我表达，而非对孩子感受的体察与接纳。在这种表达中，孩子的感受并未得到体察与接纳，妈妈与孩子间的屏障依然存在。

在多年的临床实践中，著名的沟通专家马克·古斯顿博士提出了人际沟通的镜像神经元匮乏理论：我们时常镜像映照外部世界，理解别人的需求，努力赢得他人的赞许；与此同时，作为独立人，我们也希望他人能映照我们的感受和需要。如果这种渴望得不到满足，我们就会产生一种感觉：不被接纳，不被理解，并因此产生深深的痛楚。

镜像神经元匮乏理论很好地解释了大量人际交往问题。在咨询中，很多来访者仅仅与我聊过一两个小时，就会提到"你比我父母更了解我"。其实，真正的原因不是我更了解他们，而是在与我接触的过程中，他们"镜像神经元匮乏"的问题得到了缓解。

2005年，根茨勒等人对75名五年级学生和他们的父母做了一项研究：让孩子与其父母探讨一个痛苦事件的应对方案。研究结果表明：面对问题，"最好的建设性的应对者"，是那些将他们的情绪传递给父母时表现轻松的孩子。所以，表达不愉快感受时的被倾听、被接纳，可以让困境中的孩子迅速摆脱内耗，更好地面对并解决问题。

本书的核心目的，是帮读者提升内在力量，重建个人心理灵活性。这种能力，不仅需要掌握有效处理思维、处理感受的技术，也包括如何自主摆脱社交困境。接下来，我们将对三种主要的社交困境提供针对性的解决方案。

第一节　得不到理解怎么办

识别并表达感受

陷入困境时，我们最常遭遇的就是得不到真正的理解。

就像何佳的妈妈，她非常想帮女儿，但当她的回复略过了对女儿悲伤的接纳时，女儿的思维就卡住了。

对何佳来说，要摆脱这种困境有两种可能的选择。第一种选择，等待妈妈的成长。她可以等待妈妈学会倾听自己的心声、理解自己的感受。但大量的咨询实践说明，这种选择以及伴随的等待很可能会让何佳失望甚至绝望。

第二种选择，何佳在利用上述思维处理技术、感受处理技术的基础上，练习使用语言清晰地表达出自己的感受、表明自己的需要。这会有效解决倾听者反馈偏差以及由此带来的镜像神经元匮乏问题。

比如，何佳可以告诉妈妈：妈妈，我感到非常伤心，现在我需要你能倾听，当我明确告诉你我需要你的建议或安慰时，你再给我建议或安慰好吗？

对困境中的来访者，这可能很难。因为习惯性地沉默、习惯性地压抑自我、习惯性地隐藏自己的感受和需要，恰恰是很多痛苦的起源。很多时候，生活的磨难，会让我们逐渐丧失对自我的信任，丧失感受能力。

沐雨求助的原因，是婚姻恐惧症。

"男朋友向我求婚了，但我不知道该怎么办，我很害怕，但又不知道自己怕什么。这几天晚上，我睡眠质量特别差。"

我："嗯，很害怕，睡眠差。我们先来谈谈睡眠的问题，因为失眠会直接恶化你面对压力的处理能力。睡不着的时候，你大脑里在想些什么？"

沐雨："各种各样的担心，比如，我是不是爱他？他万一不适合我怎么办？万一他对我不好怎么办？乱七八糟的，想了好多。"

我："真的是各种焦虑的想法。我刚刚听到你说，'我是不是爱他？'你们到了谈婚论嫁的阶段，你依然无法确定自己是否爱他吗？"

沐雨："我也不确定爱不爱，但我妈觉得他挺好的。"

我："你妈？"

沐雨："是，我不知道自己是因为我妈喜欢他而跟他在一起，还是因为我真的爱他而跟他在一起。我不确定，所以很焦虑。"

我："嗯，你不确定自己是真的爱他，还是因为你妈的原因而喜欢他。你妈在你的生活中是什么角色？"

沐雨："我好多事都依赖她。之前的两任男朋友，都准备结婚了，但我妈觉得不好，说我幼稚，感觉错了，不能结婚，各种闹，所以最后只能分手。"

…………

随着咨询的进行，沐雨的问题越来越清晰：她面临的并非婚姻恐惧，而是自我丧失。在母亲高强度的控制下，她逐渐丧失了自己独立的体验能力，无法相信自我感受。在这种状态下，自我怀疑会带来持续伤害。要摆脱困境，她首先需要通过练习，重新学会识别并相信内心的感受。

为了更好地做到这一点，我们需要重新补充感受词汇量。相比"很好""很差"这样笼统的说法，具体的语言描述可以更清晰、更准确地表达我们的感受。练习表达自我感受时，你也可以参照后面的词汇量表。

感受觉察与表达练习

我感到……

（1）必须掌握的感受词汇

自豪　羞耻　沮丧　悲伤　兴奋　快乐　愤怒　恐惧

无力　绝望　脆弱　好奇　孤独　无助

（2）扩展型感受词汇

喜悦　甜蜜　感激　感动　乐观　自信　振作　开心

幸福　陶醉　满足　平静　自在　舒适　放松　安全

温暖　欣慰　担心　焦虑　灰心　厌烦　不满　不耐烦

震惊　失望　困惑　茫然　寂寞　孤独　郁闷　悲观

内疚　惭愧　遗憾　紧张　发狂　狂怒　心烦意乱

需要提醒的是，做这个练习，最大的困扰是我们的表达习惯。

生活中，我们已经习惯了将自己和感受进行捆绑，比如我们习惯于这样表达："我要气炸了""我非常悲伤""我很愤怒"，等等。在这种表达中，我们和情绪是一体的，这会加大情绪处理的难度。为什么练习要使用"我感到"三个字？原因就在于，这三个字会提醒我们：它只是我的感受，不是我自己。在这种自我与感受的分离中，我们会有更多的自由来处理问题。

在一次游玩中，亮亮又遇到了一次挫折——被一个工作人员冤枉并批评了。晚上回到家，亮亮跟妈妈说了自己的委屈。这次，亮亮妈妈没有说"我理解你",而是拿出手机,"我打电话去投诉那个阿姨。"让她吃惊的是,亮亮眼里突然泛出了泪光:"妈,你终于理解我了!"——当我们自己说出感受,或别人帮我们表达出感受时,紧张的神经会迅速放松,感激之情油然而生。

哈佛医学院心理学家苏珊·戴维曾针对工作效率进行过专门研究。她发现,如果一个组织允许员工真实地感受并表达自我,那么该组织将充满活力与创造力。

明确表达需要

在感受表达之外,我们也需要明确自己的需要。很多时候,含混不清的需要会让对方沮丧不安,并最终引发人际冲突。

一天晚上,妻子坐在我身边又露出痛苦的表情:"老公,我的脖子僵住不能动了。"

我看了她一眼,说:"嗯,明天你去医院做个按摩或针灸吧。"

过了一会儿,她又痛苦地呻吟:"怕是要跟上次一样,起不来床了。"

"不会的,明天去找个医生看看。"

……………

终于,在妻子又一次呻吟着说"我想我要瘫痪了"后,我彻底不耐烦了:"你想干吗?我又不是医生,你老是重复脖子疼、脖子疼,让我觉得非常无力,我没法给你治病!你想让我干什么?"

"我就是想让你给我按一按!"妻子也愤怒了。

如果要避免人际误解,我们需要清晰地表达自己的需要。但大多数时候，我们的需要都显得过于笼统。

比如，我们常说"我希望你能对自己负责"，而不是"我很担心你，我希望你明天能去医院做个检查"。

或者"我希望你自信些"，而不是"当你发言的时候，我希望你身体站直，目视观众，声音再响亮些"。

或者"我不希望你干涉我的自由"，而不是"我长大了，希望可以自己独立安排今天的学习时间"。

或者"我希望你能尊重我的隐私"，而不是"我希望在我完成这幅作品前，你先不要偷看"。

…………

笼统的需要，往往会让我们遭遇意外的挫折。所以，要想更好地解决镜像神经元匮乏问题，我们的表达要更具体、更清晰。

为解决沟通困境，多伦多大学著名的博弈论学者、社会心理学家拉波波特提出了一个有效的仪式性练习：表达、倾听、认可练习。

练习的规则很简单：在A表达时，B保持倾听，不抢话、不打断；当A说完后，B首先用自己的语言复述A所传递的信息，如果A认为B的表达没有体现自己的意思，B需要重新组织语言，直到A认可B的理解后，B才可以开始表达自己的观点。在B陈述时和陈述后，A也要遵守同样的规则。

借鉴拉波波特的仪式性练习，你如果想解决自己与亲人、爱人间的关系困境，就可以试试下面这个简单的技巧。

爱的表达练习

我希望你这样来爱我

每周挑一个时间，用10~15分钟来完成这个练习。

1. 提出自己的需要：拿出一张纸，写下你希望对方用什么样的行为表达对你的爱（注意尽量使用具体、清晰的描述）。

2. 交换需要并讨论：彼此交换需求，并用自己的语言重复对方的需求，直到得到对方的认可。

3. 交换彼此的疑问或不同观点：如果对方的需求中有自己不认同的部分，双方需要围绕需求重新探讨。比如，有些孩子写"我希望你不要管我玩游戏"，这种需求本质上会阻碍孩子成长，那么家长就需要在尊重孩子的基础上重新与孩子确认准确的需求，比如"每天15分钟自由玩游戏时间"。

4. 表达对对方支持的赞美：感恩爱人对自己的支持和理解。事实上，从第二周起，感恩时间可以放在仪式的开始！

当我们能够熟练地表达自己的感受与需求时，遭遇镜像神经元匮乏的概率就会越来越小。

有一次，在接女儿放学的路上，她跟我说起学校里的苦恼，我忍不住给她提出了几个建议。没想到，这让我们俩的对话氛围越来越紧张。最后，女儿不耐烦地打断了我："爸，我不需要你给我建议，你只要听我说就好了。"

与大多数人的预测相反：当我们越来越熟练地表达自己的感受和需要时，人际冲突不会增多，而是会越来越少，沟通越来越有效！

处理习得性无助

在人际互动中，有太多的时候，我们会受困于思维中的自我对话。

咨询中，有些咨询者会问：

"我想跟恋人诉说自己的悲伤，我希望她能倾听我，支持我。但万一这让她不开心，该怎么办？"

"万一我说了，他会笑话我，怎么办？"

"万一我这样做，他还是不理我，怎么办？"

在这些"怎么办"的背后，来访者真正需要的不是解决方案，而是有效处理内心无时不在的恐惧思维。

另外有些咨询者，他们不是提问，而是直接判断并给出结论：

"没法跟我妈沟通了，说什么她都无法理解。"

"我特别不习惯表达感受，说了也没用，还被人说矫情。"

"每次一说我的想法，不同意他的观点，我们就开始争吵。我不想跟他吵架，所以能不说就不说了。"

"其实我并不是不想和他们沟通，而是与他们沟通太难了，他们根本就不会理会我的想法和感受，只会说一些应该怎么样、要怎么样的大道理……我不想听这些。我觉得我每天都很压抑，身边没有可以诉苦的人，慢慢地也就不想说了。"

当我们的表达得不到期望的回应，甚至转而被攻击、指责时，减少表达成了自然选择。在心理学上，这是一种重要的心理现象：习得性无助。

面对习得性无助,最有效的处理技术就是前面介绍过的思维刹车技术。比如,当我们认为这不过是浪费时间时,我们可以做这样的简短对话:"是的,我注意到了,我有个想法,这样做了也没用。谢谢你的提醒,我知道了。但我还是要继续向着价值观(或目标)前进!"

试 验 推 送

习得性无助

1975年,为了验证人类是否会像动物一样产生习得性无助,塞利格曼用大学生做被试,设计了一个新的试验。

第一阶段:研究者将大学生分为三组,并给予不同的刺激:第一组学生听一种噪声,但无论他们如何努力,都不能使噪声停止;第二组学生也听这种噪声,但不同的是,他们可以通过努力使噪声停止;第三组是对照组,没有参加第一阶段的试验。

第二阶段:当被试在各自的条件下进行第一阶段试验之后,试验进入第二阶段。研究者给被试带来一只"手指穿梭箱",当被试把手指放在穿梭箱的一侧时他会听到一种强烈的噪声,放在另一侧时噪声就会停止。

试验结果表明:第二组和第三组被试,在第二阶段试验中,能够通过探索,把手指移到箱子的另一边,使噪声停止;而第一组被试,也就是说,在第一阶段的试验中无论怎样努力都无法阻止噪声出现的被试,他们会任由刺耳的噪声响下去——他们已不愿尝试,哪怕只是将手指移到箱子的另一边。

这就是习得性无助——长期遭受挫折后，我们会心甘情愿地承受痛苦，逐渐放弃做出改变的意愿。其实，塞利格曼第三阶段的试验证明，受影响的不仅是我们的意愿，还有我们的能力表现——在失控感、无力感的影响下，我们的表现水平会迅速下降。

第三阶段：研究者要求学生把下列字母排列成字，比如 ISOEN、DERRO，可以排成 NOISE 和 ORDER。但试验结果表明，在试验中产生了无助感的被试，很难完成这一任务。

困境中，有些人可能会说：是我被困住了，我需要他人的支持而不是自己来练习表达感受、提出需要。你如果也有这种想法，不用担心，这很正常。

但如果你想将生活的主动权重新拿回来，而不是任由自己遭遇不可预见的冲击，那么首先需要自己做出改变，这是走出内耗最快捷、有效的路径！

第二节　掌握沟通进程

处理对方的防御/攻击状态

有效的表达与倾听，是沟通的核心。但在困境中，我们很容易遭遇沟通失效。

这种失效,在很大程度上源于我们的生理特点。在进化的影响下,我们的身体呈现出两种截然不同的反应模式:"战斗/逃跑模式"和"消化/放松模式"。

在沟通中,一旦我们身体紧张,或者感受到外部威胁,我们的身体就会自动进入"战斗/逃跑模式"。于是,我们开始防御式倾听——寻找并放大任何可能的威胁,开始攻击性表达——勇敢战斗以捍卫自我。

对人际关系而言,这是灾难性的选择。约翰·戈特曼教授的研究发现,防御式倾听和攻击式表达会严重伤害亲密关系。

有一次,我和儿子一起玩牌,两个人本来开开心心的。忽然,我记起自己有件事忘了做,就赶紧起身。儿子热切地挽留我:"爸爸,别走,接着玩。"我没理他,他想拉我,我一把甩开他的手:"行了,别闹,我有事!"看着发愣、委屈的儿子,我瞬间觉察到:天哪,我进入了战斗模式!

从放松到战斗模式的切换,甚至用不了一秒钟!

一位被同学孤立的高中生给我看了一段她和妈妈的聊天记录,对话前面是她向妈妈讲述自己的无助。从中,我们能清晰地看到双方情绪状态的变化。

女儿:没人跟我做朋友,她们都排斥我。

妈妈:你性格这么软弱,怎么办?(指责性回复,女儿没有得到想要的情感共鸣。)

女儿:我怎么啦?我去死行吧?(防御,自我攻击,女儿迅速对母亲的态度做出了回应。)

…………

妈妈：我以为生活里最难的是挣钱，原来不是，是教娃。我看到几岁的娃娃连饭都没的吃，觉得可怜。你却觉得自己更可怜。唉！（妈妈从倾听孩子的苦恼，转而抒发自我感受，这会被孩子理解为对自己的新一轮攻击。）

女儿：我没觉得自己可怜，是你觉得。（女儿继续防御。）

…………

这种充满攻击、防御的对话，一定是无效的。要想解决这一问题，我们需要掌握两种必要的技巧：非攻击式表达——避免引发对方的防御状态，导致理智下线；开放式的倾听——成功化解对方的攻击姿态，重新激活理智脑。

非攻击式表达，要求我们将表达聚焦于三个基本要素：我、事件与感受、需要与期望。比如，当我们认为自己遭遇了不公时，习惯的表达通常是"你这样设计方案完全是针对我"。在这一表达中，"你"是聚焦对象，"针对我"是个人判断。这种表达，会迅速让对方进入"战斗/逃跑模式"，关闭沟通的大门。

我们如果采用非攻击式的表达，就需要从"我"的角度，重新呈现事件以及"我"的感受，或者还可以加入个人需要。比如这样说："分配利益的方案这样设计，我觉得非常沮丧，我希望方案能考虑到我的利益。"在这里，对话的重点放在"我的感受和需要"上，没有了指责，沟通更容易有效进行。

在有效传递信息之外，我们还需要有能力化解来自对方的攻击。否则，沟通同样会失效。

在一次重建心理灵活性的培训活动中，有一位学员曾大声告诉我：

"你说的这些东西我都尝试过，可是完全没有作用。所以你就别再继续胡扯了，没用。"

我一愣，我能觉察到自己一瞬间就脸红了。很多人都曾有过这种体验，当遭遇攻击时，我们会迅速调动力量开始反击。

但幸运的是，我不仅能觉察到自己的反应，也能处理自己的羞愧——我用好奇感迅速取代了羞愧感，开始倾听他的感受。所以，我们的对话变成了这个样子：

我："你很愤怒，因为这些方法对你毫无作用是吗？"

质疑者："是的，3年了，我陷在痛苦里已经3年了，我换了几个咨询师，他们给了我那么多的安慰、建议，可什么用都没有。"

我："努力了3年却一无所获，这让你非常失望。"

质疑者："是，我的生活全被打乱了……"

在我的倾听中，质疑者内心的压抑逐渐得到了释放。10分钟后，我们的培训得以继续进行，他成了练习特别认真、对我真诚信赖的学员之一。

所以，我们如果想掌控沟通进程，就必须有效处理来自对方的攻击和防御行为！前面我们所讲过的摆脱感受困境的钥匙——"好奇心"，会是有力的工具之一。

三句话处理对方的防御

当对方进入"攻击/防御模式"时，我们会本能地进入同样的状态，但这只会激发矛盾，让彼此陷入更激烈的冲突。在求助本能之外，其实我们也可以使用三句话帮对方摆脱防御姿态，从而让沟通重回正轨。

这里，我以咨询中父母的苦恼为例来呈现这三句话。

在咨询的过程中，有的家长问：我女儿4岁，非常暴躁，与小朋友玩耍产生矛盾时，常会说些极端语言，比如，我要打死你，我想杀了你。这该如何解决？

也有家长问：我8岁的孩子非常易怒，并且攻击性非常强。上次他在车库发脾气时竟然用锤子去砸车！我们曾试过很多管教方法，比如，制订严格的规矩，严厉惩罚，学习并使用正面管教法，甚至带孩子去医院检查、常年吃药，等等，但几年来不知为什么毫无效果。我们到底还能做些什么？

曾多次登上《奥普拉脱口秀》《早安美国》等热门节目的哈佛医学院精神病学系临床副教授罗斯·格林，很早就开始关注暴脾气儿童，在30多年的实践研究中，他发现：很多时候，将儿童诊断为躁郁症、对立违抗行为、阵发性暴躁、注意和多动缺陷障碍等，对这些孩子改善行为毫无帮助。在我的职业经历中，我们也发现，要想有效帮助这些孩子，父母需要采用全新的方案，比如有效沟通的三句话。

第一句，接纳并帮对方用语言明确说出自己的感受，比如：宝贝儿，你真的非常生气（或愤怒），是不是？

为什么要说这句话？这是情绪管理的第一个诀窍：有效表达。当内心的感受被准确识别并明确表达出来时，我们会感受到理解与接纳，这会让情绪的破坏力迅速减弱！所以，要想帮孩子摆脱强烈情绪，第一步就是识别并用语言表达出这种感受。

当得到孩子的认同时，我们可以说第二句话：宝贝儿，你的感受是什么样的？

对孩子来说，一开始听到这句话，会感觉有些茫然，不知如何描述。所以，采用这套方法初期，家长可以先清晰地表达自己的感受，给孩子做出示范，比如："宝贝儿，当我生气的时候，有时我感觉就像体内有气一样，会不断地堆呀、堆呀、堆呀，然后让我只想大声吼。能跟我说说你现在的感受是什么样子的吗？"

这种示范，会帮助孩子学习如何描述。为什么要帮助孩子描述内心的感受？当孩子带着好奇的思维去观察、描述自己的愤怒时，愤怒会更容易消失。作为家长，很多人担心，让孩子关注愤怒会导致更加愤怒，这是一个思维误区。事实上，真正有效的情绪处理，从来不是回避、淡化、漠视，而是更深入地去体验、去描述。

这就是防御/攻击姿态处理的第二步：唤醒好奇心。好奇带来的自我觉察，会迅速减弱不愉快感受的强度。

在语言的表达下，孩子的情绪会迅速转变。当孩子停止观察、描述时，我们可以问第三句话：宝贝儿，愿意跟爸爸妈妈说说发生了什么吗？

孩子的苦恼，一是感受需求不被理解，二是心里有话无法表达。只要他能开始用语言描述事件、表达感受，哺乳动物脑的影响力就会越来越小，而理智脑也将重新获得掌控权，其破坏性行为就会越来越少。

所以，要想帮孩子摆脱强烈情绪，第三步是帮助孩子用语言描述事件，表达需求。在这个过程中，父母需要注意的是自己的不当干预——比如忍不住驳斥孩子、评判孩子、提供安慰或建议等，这些行为不仅会阻碍孩子的表达，更有可能将孩子重新推入强烈情绪中。

随着孩子的倾诉，困扰他的情绪可能会越来越弱，也许孩子会自己停止表达。这时，父母可以再问一个升级问题："嗯，宝贝儿，我知道了。还有没有其他想跟爸爸妈妈说的？"当然，如果前三句话能发挥作用，孩子可能会告诉你：我说完了，我好了。当出现这样的信号时，作为父母，你已经成功帮孩子摆脱了强烈情绪。现在，你有充分的条件进行下一步：与孩子一起寻找解决方案，提升孩子在不同情境下的压力应对能力。

这三句话不仅适用于困境中的孩子，同样适用于每个成年人。当我们对感受、需要的描述让对方愿意回复"是或对"时，有效的倾听和沟通过程就开始了。

调整你的沟通模式

在有效处理对方的防御/攻击姿态之外，我们需要了解自己的沟通模式。不同的模式，带给对方的感觉会截然不同。

小烨是个25岁的姑娘，青春靓丽。她的苦恼在于，自从与上大学时交的男友分手后，两年多的时间里一直没找到合适的男朋友。

小烨："我曾经交往过两个男孩，不知道为什么，约会一两次后，他们就不再约我了。"

我："确实让人困惑。你们约会时发生了什么吗？"

小烨："没有啊，我觉得挺好的。其中一个男孩带我去了一个很特别的餐厅吃饭，我们俩都挺喜欢，挺开心的。可是，之后他就不联系我了。"

我："嗯，是挺奇怪的。吃饭时发生了什么吗？"

小烨："挺正常的，我们就是聊天。比如，他问我喜不喜欢这个餐厅，我说还好啊之类的。"

我："你对他安排的评价是'还好'？你不太喜欢吗？"

小烨："不是，我其实非常喜欢。但我习惯控制自己的感受表达，不喜欢像别的小姑娘一样激动。然后他还问过我，是不是我以前去过很多这样的地方，我说没有，确实是第一次来……"

我："那对方会不会有点儿失落？"

小烨："是有点儿，但我说的没什么问题啊！"

小烨的困境在于，她平淡的沟通模式给自己的约会对象传递了一条非常不妙的信息：这个女孩对我不感兴趣，甚至，她不喜欢我的安排！

为什么会这样？为什么我们想传递的信息会被对方误解？

让我们看看表达的四种模式：

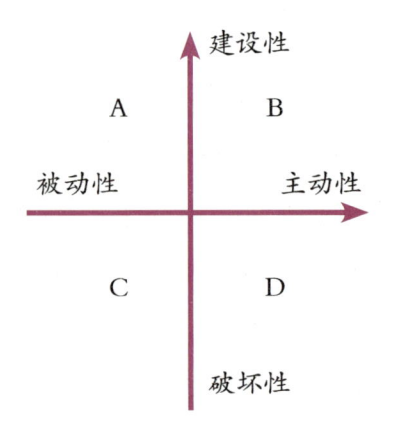

```
              建设性
               ↑
         A  |  B
              |
  被动性 ————+————→ 主动性
              |
         C  |  D
               ↓
              破坏性
```

从表达的主动性/被动性和建设性/破坏性两个维度，可以将表达分为四种不同类型。让我们用一个简单的例子呈现。

晚上很晚了，老公兴冲冲地回到家："老婆，告诉你一个好消息，今天公司正式任命我为北方大区总经理了！"

回复模式A（有建设性但缺乏热情的回复）：嗯，挺好的，你真棒！

回复模式B（热情且富于建设性，这是沟通的完美械）：哇，我真为你高兴，你这么长时间的努力终于得到了公司的认可，咱们定个时间去哪里庆祝一下吧！

回复模式C（冷淡而具有破坏性的回复）：知道了，你有没有看见我的钥匙？

回复模式D（主动地表达破坏性，这是最糟的回复模式，它可以瞬间打消一切美好）：你疯了吧，这算什么好消息？本来就天天不着家，这下你肯定需要各地出差，我一年还能见到你一次吗？

还记得前面我们提到过的镜像神经元匮乏吗？当我们的感受得不到他人的接纳，当我们的期望被打破时，我们就会遭遇巨大的沮丧感。

小烨的问题就在于，她所习惯的平淡回应模式无法提供对方镜像神经元所需要的满足。在夫妻关系中，一旦爱人间习惯了彼此的沟通模式，这可能不会造成大的伤害，但对于全新的恋爱关系来说，它只意味着一种解读：对方对我不感兴趣。

关于信息接收，曾经有一项研究指出：沟通中，我们所接收的信息，只有7%是从语言中获取，38%的信息源自语音、语调，另外55%源自身体语言信息。所以，著名的婚姻训练师斯坦·塔特金教授的训练模式，侧重于改变问题夫妻传统的沟通模式，包括语言、身体姿势、仪式性行为习惯，等等。比如，很多夫妻说话时不再注视对方，他会教他们面对面坐好，彼此注视着对方的眼睛，因为实践证明这是减少误解的最有效方式。

习惯的改变很难，但我们如果了解对方的期待，了解了沟通模式所传达出的解读信息，就会更好地避免各种误解。

第三节　寻找有效的解决方案

有时，我们可能有良好的自我情绪管理能力，有良好的人际沟通能力，以及解决问题的技巧，但困境依然存在。

究其原因，我们可能找错了解决问题的方向，比如陈娜。

陈娜生了儿子后，婚姻关系开始告急，因为偏执冷漠的婆婆来了。在她口中，和婆婆共处的日子满是心酸。

场景一：儿子满月，宴请亲朋

"哟，看你多幸福，儿媳妇给生了个大胖孙子，多可爱！"邻居们这样恭贺婆婆。

婆婆："幸福什么啊？我早就跟他们说我想要个漂亮的孙女，结果生了个孙子！要是个女孩，长得像我儿子，多可爱啊！"

场景二：关于开窗与关窗

陈娜："老公，你把窗户关上，我觉得有些冷。"

婆婆："冷什么啊？家里都热死了。行行，你关上吧，咱们都将就她，让我热死得了。"

场景三：关于照顾产妇

陈娜："妈，米饭好像没煮熟，太硬了。"

婆婆："我就喜欢吃硬米。"

陈娜："妈，这个豆腐好像有点儿馊了，味道发酸。"

婆婆："看看你媳妇，这么敏感，让我怎么伺候？"

场景四：夫妻对话

陈娜："老公，你能不能跟妈说说，让她回家一段时间，让我妈来伺候几天？我实在是有点儿受不了了。"

老公："你别老挑妈的毛病，她也挺不容易的，50多岁和爸离婚。不住我们家，你要让她住哪里？"

场景五：关于亲家母来伺候月子

陈娜："妈，这些天让你伺候月子也挺累的，要不让我妈再来伺候几天吧，我一直挺想她的。"

婆婆："你是嫌我伺候得不好，要撵我走是吗？"

陈娜："妈，不是撵你，我就是想我妈了，你也做过女儿，我希望你能理解。"

婆婆开始在儿子面前号啕大哭："你这找了个什么媳妇？天天撵我走，用不着我，你赶紧给我离婚……"

陈娜的情绪调节能力其实非常不错，长期以来，在得不到丈夫支持的情况下，她一直希望通过自我调整来处理婆婆的问题。但随着时间的推移，随着包括丈夫在内越来越多的人要求她隐忍，她的内心开始失衡："我该怎么办？这种日子真是太难熬了！"无助中，她甚至越来越怀疑婚姻的价值，考虑自己是否应该离婚。

陈娜求助的目标，是能更好地调节自己，处理好与婆婆的关系。但从我的角度分析，她显然找错了方向——自我调节会减弱情绪伤害，但仅有自我调节，她永远无法摆脱困境；改善与婆婆的关系非常重要，但她真正需要的，却不是处理如何与婆婆对话、相处等问题，而是有效处理与丈夫的关系!

是的,陈娜面对的危机,不是婆媳危机,而是婚姻危机。

婚姻的基础,是丈夫与妻子彼此的欣赏、关爱与支持。而支持,意味着夫妻要携手共同面对外部的压力,共同保护自己的家庭不受外力侵害。

但现在,面对母亲,丈夫不仅无法提供陈娜需要的支持,甚至逐渐变成了陈娜的对手:你应该做出牺牲,你应该包容老人,你应该做出改变……

压抑妻子的感受,否认妻子的权利,漠视妻子的需要,强迫妻子的行为,这些都是对婚姻承诺的背叛。他即便可以用它们回避一时的矛盾,但婚姻的基础被瓦解了。陈娜内心越来越强烈的委屈感、愤怒感,正演变为失望、无助、绝望,直至夫妻关系的崩裂。

所以,当我告诉她,你的问题的核心不是婆媳关系,而是夫妻关系,是老公对你的支持不够,她瞬间流出了眼泪:"是的,你说得太对了,即便压力再大,如果老公能理解我、支持我,而非压迫我、要求我,那我也会好很多。"

自我改变是摆脱困境的基础,可一旦涉及人际关系,最有效的解决方案就必须涵盖人际沟通模式和身体语言的调整。如果你在这方面有无法解决的困惑,最佳的选择是寻求专业人士的支持。

Tips

表达是情绪管理的有效手段,但这需要一个基本的前提:对方的倾听配合。没有倾听,我们将很难解决"镜像神经元匮乏"造成的影响。

因此，使用表达技术处理情绪的核心，是对方的配合。在某种程度上，这意味着有时我们无法独自决定表达处理的真实效果。对此，每一个使用该方案的读者都需要有足够清醒的认识，否则，挫折带来的沮丧、失望等感受有可能会造成新的折磨。

练习吧

请观察下面这些对话，思考一下，你认为哪种回复是有效的沟通？哪种不是？原因是什么？

1. 甲：怎么我又做错了，我真是个笨蛋！

乙：

回复一：这么简单的事情总是犯错，你确实够呛！

回复二：错了有什么关系？你不是个笨蛋。

回复三：有什么苦恼的，谁能不犯错？你以为自己是圣人吗？

回复四：你觉得自己能做对，结果错了，这让你对自己非常失望，是吗？

2. 女儿充满希望地参与了全市羽毛球比赛，结果与决赛擦肩而过，她非常沮丧，伤心地躲在一边流泪。

爸爸：

表达一：宝贝，振作点儿，我觉得你表现得很棒！

表达二：我觉得你应该进入决赛，裁判的眼睛好像有问题，他把你的决赛机会给夺走了。

表达三：孩子，别伤心。相信我，羽毛球打得好坏没那么重要，看开点儿。

表达四：宝贝，没进入决赛，你感到很难过，是不是？

3. 甲：我最讨厌做这些鸡零狗碎的破事儿了，一点价值感都没有。

乙：

回复一：处理好鸡零狗碎的破事儿，才能安心做正事！

回复二：要是每个人都不想当士兵，只想当将军，那一支军队还能成为军队吗？

回复三：嗯，你想做一些更有价值的工作！

回复四：忍着点儿吧，我刚进公司的时候，也要做这些。

4. 妈妈：我宁愿你现在恨我，也不愿意看到你俩将来一起过苦日子。

女儿：

回复一：你怎么能这么自私？

回复二：我就是爱他，我有我的自由，我想做什么都可以，你管不着我。

回复三：妈，你放心，我会幸福的。

回复四：妈，你担心我将来生活会过得很苦，怕我不幸福，是吗？

5. 丈夫：我每天上班已经够累了，回来还要听你唠叨、指责，你就不能让我轻松会儿？

妻子：

回复一：就你累，我不累吗？可是你看看自己做的这些破事儿，说说不行吗？

回复二：你不爱我了，对我说话脾气越来越大、越来越不耐烦了。

回复三：老公，你希望咱俩在一起的时间能更快乐，是不是？

回复四：我也想轻松会儿，可你看看家里乱糟糟的样子！你看着不烦吗？

6. 儿子在餐厅里吵闹，妈妈很不高兴。

妈妈：

表述一：你能不能不闹？这是公共场所，太没礼貌了！

表述二：你给我闭嘴！

表述三：我希望你能懂事点儿！

表述四：这里是餐厅，是公共场所，所以，有礼貌的行为是保持安静，不要打扰其他人。宝贝儿，你能说话小点儿声，做一个有礼貌的孩子吗？

7. 甲：我受不了了，活着的每一刻都是煎熬，也许死了反而是种解脱。

乙：

回复一：千万不能这么想，生命多美好啊，想想生活里那些有趣的、好玩的事情。

回复二：知足吧，我觉得你不错了，我比你惨多了，可你看我都没想死呢。

回复三：你能不能成熟点儿？不要遇到点儿事就要死要活的！你这是演给谁看呢？

回复四：你感到特别绝望，看不到希望，是吗？

第七章

解决现实困境

在心理困境中，很多人会将药物当成唯一的解决方案，而忽略了对内耗的处理，忽略了个人心理灵活性的重建，比如抑郁症的处理。研究表明，这会带来巨大的隐患。

2016年，英国皇家精神科医学院教授卡米尼·柏里安蒂在一项研究报告中披露了这样的数据：对大约一半的抑郁症患者来说，第一个抗抑郁药物处方毫无用处；大约1/3的患者，使用任何药物都是无效的。

所以，在心理困境的处理中，除了遵医嘱服药，更重要的是通过努力练习，去掌握并灵活使用有效的注意力转换、思维、感受、人际关系处理技巧，及时补足自己欠缺的各种问题处理技能，以便停止内耗，开始有效的行动。

但这一有效处理进程，依托于清醒的自我觉察：了解自己此时此地的感受、状态、思维和行为选择……在咨询中，咨询师可以引导来访者提升自我觉察能力；如果离开咨询师，在日常生活中，该如何做到这一点呢？

为了帮读者更好地建立自我觉察能力，我借鉴了一位意大利训练专家露易丝·埃文斯的训练仪式，提供了一个新版的"五把椅子"训练法。

第一节　五把椅子训练法

五把椅子训练法的使用，包含了"接纳人类的本能反应""处理人类的本能反应""觉察人际交往的应对模式""关注问题""开始有效解决问题"五个不同阶段。

为了更形象、更方便大家使用，我将之呈现为挑战面前自我状态觉察、人际反应模式觉察两个不同层面的内容。

自我状态觉察的五把椅子

第一把椅子：结论椅

在挑战面前，迅速形成结论，是我们自小习得的生存本能——快速判断并做出有效的选择。

但在心理困境中，当我们坐在"结论椅"上时，脑中充斥的大都是一些自我阻碍式的结论，比如，"完蛋了""羞死人了""没办法了""我真的不行""我太差劲了""他不爱我""生活完全没有意义"……

在这些语句的影响下，我们看待自我、他人、世界，以及未来的视角会变得悲观、绝望，仿佛看不到任何希望。

一旦我们注意到自己正坐在这把椅子上，那么我们就会明白：这只是挑战下"我"的本能反应，只是一把椅子对"我"的消极影响，这不是真实的"我"、真实的他人、真实的世界。

实际上，认清了这一点，我们将重新拥有掌控生活的能力：可以随时选择站起身，坐到另一把椅子上。

第二把椅子：感受椅

脑认知研究已经证明，我们更多的是感受动物而非理智动物。所以，任何挑战，都会引发我们的情感波动。

当我们坐在"感受椅"上时，脑中充斥的都是挑战和结论引发的感受性结论，比如，"我很焦虑""我完全提不起精神""我非常生气""我很难过""我很失望"……这是感受椅体验的第一阶段。

在感受处理中，我们已经明白：要摆脱感受束缚，恢复行动能力，我们就不能采用漠视、否认、压制等控制行为，而是需要调动好奇心，去深入观察、体验感受的细节，尤其是不愉快感受的细节，这是感受椅体验的第二阶段。

比如，"我心跳得厉害，胸口有些发闷，呼吸特别急促，胃里偶尔还有一种像火烧的感觉……当我坐下来的时候，我感觉有股力量会迅速让我站起来，就像现在这样，我一直在房间里转来转去，走个不停……"

比如，"看到求职结果，我的心咯噔跳了一下，仿佛从空中坠落，又像被狠狠地重击了一下，痛得我几乎无法呼吸。同时，我能感觉到脸上一阵阵发烧……"

要停止内耗，选择并体验感受椅的两个不同阶段是我们必经的过程。当我们注意到自己正坐在这把椅子上时，我们可以迅速调用好奇心，完成对感受的自我觉察和表达。当情感脑得到了所需的抚慰后，我们可以随时选择站起身，坐到另一把椅子上。

第三把椅子：接纳放松椅

这是一把带我们走出情感脑影响、准备重新激活理智脑的椅子。

在困境中，当我们关注到脑海里不断涌现的结论，倾听并表达了内在的感受后，我们会自然进入一个短暂的满足与空虚状态：好吧，已经这样了，然后呢？

当我们的大脑中出现"好吧，然后呢"这类话语时，我们就坐上了第三把椅子，同时准备好要开启智慧，面对并走出自己的困境了。在接纳椅的帮助下，我们可以更快地走出"为什么""怎么会"等无效问题，进入更有效的"怎么办"中。

当然，从这把椅子上起身后，很多人会重新选择第一把或第二把椅子。但当我们能够熟练运用五把椅子训练法时，我们就会知道：这一切都只是个人的选择。在生活中，我们永远是自己的主角，永远拥有自由选择的权力。

第四把椅子：价值与方案椅

作为心理学巨匠之一，马斯洛教授的需求层次理论清晰地描绘了我们的需求满足路线图：能带来终极幸福感、满足感的，在于人生价值——你想过什么样的生活。

所以，第四把椅子，就是要重新明确我们的价值观，清楚我们真正在乎的东西，然后将之转化为可实现的行动方案。

比如，对有社交恐惧的人来说，其价值方向之一就是拥有更紧密的人际关系——我们所恐惧的，就是我们所在乎的。那么，其行为选择，就不能继续沿用回避交往的路径，而是需要通过一些主动性的练习，掌握人际交往必要的技术，更多地与人交流。

比如，对因学习受挫被老师批评或同学嘲笑而想要休学的孩子来说，其价值方向之一，就是掌握所学知识，并转变老师和同学对自己的态度。那么，其行为选择就不应该是休学，而是寻找更有效的学习支持和人际交往支持，去面对并解决自己的问题。

....

坐在这把椅子上，我们的核心任务就是梳理并重新明确自己的价值观，然后围绕价值观寻找有效的困境应对方案。

第五把椅子：行动、反馈、调整椅

在困境中，我们想改善自己的行为表现，比如重建亲密关系、亲子关系、同伴关系，提升学习效率、工作效率，想要摆脱抑郁、焦虑、悲伤等困扰，并重新体验"我能行"的信念，离不开最核心的一点：行动！

但行动一定会面临前两把椅子的阻碍，比如，第一把椅子所说的"我不行""这个方案不会有用的"，或者第二把椅子所说的"我感受不好，我不想行动""过几天，等我感受好了，我一定开始行动"……

此时，一旦我们选择了第五把椅子，那么只意味着一件事：有效利用之前介绍的各种思维、感受、注意处理技术，去处理前两把椅子的干扰，然后坚定地行动。

这种行动，有可能会有积极的结果，但更可能遭遇种种不如意。此时，我们需要记住第五把椅子的核心内涵：从反馈中获得积极反馈，并持续用于行动方案的调整、改进。在行动、反馈、调整的促进下，生活终将出现根本性变化。

了解了自我状态觉察的五把椅子，我们再来看看人际反应模式觉察的五把椅子。

人际反应模式觉察的五把椅子

自我与人际，永远是人类需求的两个不同主题。在解决了自我觉察的基础上，我们有必要进一步了解自己的人际反应模式，从而更好地做出有效的行为选择。

第一把椅子：攻击椅

面对内外挑战，我们如果选择了这把椅子，就意味着我们选择了攻击性行为，可能是对他人，比如：

"你怎么总是这么笨？"

"你是不是个男人？能不能有点儿男子汉气概？"

"别再唠叨了，你还有完没完？天天听，我都快被你烦死了！"

当然，在很多情况下，这种攻击行为也可能是指向自己，比如：

"是的，你说得对，我就是很蠢！"

"我真是个废物呀，果然什么都做不好。"

"你不要再骂了，我惩罚自己好不好？"（扇自己耳光，用脑袋使劲撞墙）

…………

在成长过程中，出于自保和防御的本能，我们很容易形成面对挑战时的攻击型反应模式。要想改变这种习惯，觉察是第一步。

第二把椅子：防御椅

与攻击不同，坐在这把椅子上，我们会在自己面前竖起一道无形的屏障，它犹如一面盾牌，将我们与正在发生的一切隔离。

脑科学研究已经发现，恐惧、焦虑中，我们会无意识地选择并关注环境中出现的威胁信息，哪怕它们并非真正的威胁。比如，别人的一个动作、一句话，或者不经意的一瞥，都有可能被我们解读为攻击。

在解读出的攻击面前，我们所展现出来的辩解、否认、质疑、抵抗、冷漠、忽视等态度和言行，都可以归为防御椅。在人际交互中，攻击与防御都是破坏性的应对模式。

但是，一旦觉察到我们的行为模式，我们就会重新注意到：这只是一种个人的选择，我已经选择了这种反应模式，但我也可以选择其他更有效的行为模式。

第三把椅子：平静椅

前两把椅子，都代表着感受驱动型的反应模式。要有效离开它们，除了做到自我觉察，更重要的是要选择坐上第三把椅子，并开始用行为调整帮自己恢复平静。

大量的研究已经证明，在平静的状态下，我们的理智脑才能更好地发挥，提高工作效率；同时，如果我们希望自己外表更年轻，生活更美好，身体更健康且更长寿，那么我们需要经常利用平静椅，来练习身心放松技术。

平静椅代表着特定的行为模式，比如开放的身体姿势，腹式呼吸，身体渐进式放松，瑜伽练习，正念想象、正念观察，等等。

任何时候、任何场所，我们都可以主动选择并体验平静椅。

第四把椅子：好奇椅

好奇意味着觉察，意味着清楚地了解究竟发生了什么，以及正在发生的是什么。

人际互动的核心是需求满足。

比如，婴儿哭泣，可能是因为饿了想要吃的，困了想要睡觉，醒了想要关注，或者尿了想要提醒父母更换尿布。

夫妻间、亲友间、亲子间、同事间、同学间的人际互动同样如此，一切的冲突或和谐都源于彼此需求是否得到对方的了解、尊重与满足。

因此，好奇椅的作用，就是提醒我们：当做好了准备，坐上了这把椅子后，我们不仅需要体察自己内心的需求，也要体察对方内心的需要，然后邀请对方共同寻找能满足彼此需要的解决方案。

当然，刚开始使用这把椅子时，我们很容易被一些虚假的需求误导。比如，一个愤怒的妈妈对孩子说"我就是需要你听从我的意见"，实际上，她真正的需求可能是"我需要保护你的安全，如果你不这样做，我担心你会受到伤害……"

发现彼此真正的需要，会是一个在好奇、开放、接纳、平静中探求的过程，但了解、尊重并追求对彼此真实需要的满足，是摆脱一切人际困境的必由之路。

第五把椅子：共情椅

了解了彼此的需求之后，我们就可以选择最具建设性的人际回应模式：共情式回应。在这种回应中，对方不仅会产生被接纳的感受，更会体验到尊重、关心，以及随时随地无条件的支持。

我的一个来访者，受困于心理问题，已经几年不出门了。为了维持孩子不多的快乐，父母经常给她钱支持她购物。但最近，父亲明显感觉孩子花钱越来越多，几乎每天的购物清单都达到一两百元。

所以，当这一天孩子再次收到自己订购的一个可爱的小鸭子包，然后兴冲冲地跟父亲分享时，他选择坐上了第一把椅子：

"爸，你看，我新买的小包，多可爱！看，这儿还有一个小卡片，提示要多带着小鸭子出门。"

"嗯，知道了。以后你少买点儿，这种东西有什么用？就是浪费钱！"

不用说，这句话在家里掀起了轩然大波，父女俩陷入一场激烈的冲突。

如果父亲能关注自己的回应模式，那么他可以选择先坐上第五把椅子，给孩子以积极而有建设性的回馈，比如："呀，真的很漂亮，特别有爱的提示，要多带着小鸭子出门，不是吗？宝贝，你眼光真不错！"

这种积极而有建设性的回应，不仅满足了对方的需要，也会更有助于邀请对方一起坐上第四把椅子，共同探讨如何满足我们的需要。

有了自我状态觉察和人际反应模式觉察这五把椅子的指导，任何时候我们都可以觉察自己身处何处，并重新拿回生活的选择权。

下面，让我们一起看看，在现实生活中该如何面对并处理不同的挑战。

第二节　有效处理现实冲击

有效技能的获得，离不开大量、反复的练习和实践。在了解了如何分解处理痛苦、了解了五把椅子技术后，我们需要重新回到现实情境，看看如何使用这些技巧有效处理现实的问题。

中国有句古话：人生不如意事十之八九。

每个人每天都有可能遭遇很多现实冲击，其中一些影响较小，比如起床延迟、上班堵车、意见不合等。另外一些冲击，则可能比较严重，比如考试失败、被人排斥、竞争失利、面试被拒、被公司辞退、遭遇重大人生变故、亲人离世，等等。

这些重大刺激，有可能会严重影响我们的感受和表现。

盖伊·温奇博士在《情绪急救》（*Emotional First Aid*）一书中讲述了一个心理学试验：试验的参与者被要求从10码（1码等于3英尺，合0.9144米）外对准球门踢出足球，每个人有10次机会。在开始踢之前，组织者对被试眼中的球门宽度和高度做了测量，每个人眼中的球门大小基本一样。然而，尝试踢球之后，失败的被试（踢中小超过两次）会觉得球门变小了10%，而成功的被试则感觉球门变大了10%。

试验者因此提出：失败会导致自我变得渺小，比如觉得自己不聪明、能力差、缺乏吸引力，而目标变得更高不可攀——这会严重影响我们的表现和可能获得的成就水平。

与失败相同，大脑扫描显示，当我们经历拒绝时，被激活的脑区与遭受的身体痛苦是完全相同的。试验研究甚至证明，如果遭遇典型拒绝前让被试服用镇痛药物，那么与那些没有服药的被试相比，被拒绝带来的疼痛感会大为减轻。

下面，让我们看看在现实冲击下，该如何组合利用不同的情绪处理技术。

生活停顿——完了/有什么用

王静的父亲被诊断为癌症晚期,做完手术后回到家里休养。

"他知道自己只有几个月生命后,每天特别消沉,说什么都会回一句:'有什么用?没几天了,让我自己待着。'现在他特别消沉,有什么我能做的吗?"

王静的父亲陷入的是自我状态觉察五把椅子中的第一把:结论椅。当他的思维持续停留于结论椅时,生活的停顿不可避免,"没用""完了""要死了"等语句会如同魔咒般折磨着他,让这最后的时光格外难熬。

在很多情况下,我们都会遭遇生活停顿。比如在犯了错误时,有些来访者会这样说:

"完了,这下全完了……全完了。"

"我忍受不了自己犯错误,哪怕是个极小的错误。当我犯错时,我会特别内疚,而且心里烦躁,做什么都没劲,一遍遍地想自己为什么会犯错。"

"太丢人了,当着全公司员工的面,我的表现真是糟透了,我想不明白,怎么会犯这么低级的错误!"

当遭遇显著拒绝时:

"找不到工作,还要养家,觉得特别对不起老婆,我有些绝望,不知道该怎么办。"

"她说不想和我在一起。确实,我没钱、没车、没房,什么都没有,人家为什么要选择我?"

当遭遇重大失败时：

"考研失败，非常绝望。我现在变得易怒，容易受到刺激，感觉自己快得精神疾病了，走不出来怎么办？"

"又失败了，老天爷对我怎么就这么不公平？"

当遭遇丧失时：

"我再也没有奶奶了！"

"我得了癌症，我怎么会得癌症呢？为什么是我？为什么老天对我这么不公平？"

所有这些"完了""怎么办""怎么会"都意味着生活的停顿。停顿往往有三个明显特征：

第一，持续内耗。来访者陷入结论椅中无法自拔，反复思考不断侵蚀其身心资源，让他无力行动。

第二，无法接受挑战。任何新的冲击，都会让他陷入感受椅中。愤怒、无力、恐惧、绝望等情绪会如影随形，生活变成一种没有希望的煎熬。

第三，生活质量丧失。所有不愉快的感受，都会驱动来访者选择"攻击椅"或"防御椅"以自保。但无论如何攻击、漠视、逃避、否认、防御，不愉快的感受都会长期存在。在这种状态下，自我会更持久地陷入感受椅中的"为什么"阶段："为什么是我？""我哪里做错了？""为什么这么不公平？"……在这种频繁的思维反刍中，痛苦被一遍一遍地重复、放大。

在这种状态下，来访者没有任何力量行动。现在，让我们打开前面所提供的痛苦处理药箱，看看可以拿出哪些针对性的解决方案。

1. 体验"感受椅"的第二阶段并坐上"接纳椅"

对于来访者来说，要有效处理不愉快感受，走出内耗的困境，首先需要面对并体验它们，不再做任何漠视、逃避、否认等努力。其实任何困境下都是如此——当感受得不到倾听、接纳时，我们的情感脑就会长期占据身体的主导地位，同时它会抑制理智脑的正常功能。在这种状态下，我们不会发生任何有意义的改变。

因此，有效的解决方案，第一步就要面对并有效处理不愉快的感受——完成"感受椅"第二阶段的体验：带着好奇深入恐惧、羞耻、内疚、烦躁、无助、绝望等感受的中心，同时利用感受处理技术有效处理它们，从而让卡壳的大脑重新开始运转。

比如，当父亲回复"有什么用"时，王静可以尝试说："爸，你很绝望、恐惧，是吗？"当内心的感受被明确表达时，我们的注意力会更容易离开结论椅，并开始感受椅第二阶段的工作——表达并处理感受。

这是解决问题的第二阶段，不同的困境，需要的工具会有所不同。

比如，针对犯错、失败、被拒绝后的羞耻感。在充分的表达、体验后，我们需要练习自我同情技术。克里斯汀·内夫博士的研究证明，羞耻感以及由此引发的自我批评、自我指责、自我惩罚等行为，会削弱我们前进的动力和应对困境的能力；而自我同情，不仅不会削弱前进的动力，反而会让我们自控力更高，心情更愉悦，工作学习表现更佳，更有力量从错误中学习，向着自己的目标前进，等等。

再比如王静的父亲，在充分释放了自己的恐惧、悲伤之后，他可以使用价值发现技术，为自己余下的时光赋予全新的意义。

当感受得到充分的尊重和体验时，我们会更容易轻松地离开前两把椅子，坐上自我状态觉察的第三把椅子——接纳椅，这会让卡壳的生活重新流动起来。

2. 行动反馈与调整椅：思维刹车

感受处理技术虽然有助于解决当时的感受困扰，但有时一些刺激性的场景或身体的痛苦会将我们推回前两把椅子，从而让生活再次停顿。

比如创业失败的大伟，每次刷卡，他都会想到自己窘迫的经济状况。此时，失败的阴影会迅速卷土重来。

为了更好地解决问题，大伟要做的第二个练习，就是选择坐上行动反馈与调整椅，练习思维刹车技术。针对思维反刍，他可以采用简单的思维观察法。比如，"咦，我又想到了失败，我注意到有个声音在告诉我：'太糟了，一切都完了'"，或者他可以用思维命名对话法，"你好，老朋友，欢迎你关心我，愿意来我这里做客并提醒我曾经的失败，我已经知道了。多谢！"

有时候，当我们的思维脱离现实回到过去时，我们可以利用第三方视角进行刹车，或者，津巴多教授首创的时间观疗法会是非常不错的选择。"啊，我又回到消极的过去了，不过我可以调整自己的时间模式……"这种觉察与调整，同样有思维刹车的效果。

当我们能习惯性地以第三方视角观察思维，而非卷入思维时，它诱发的不愉快感受将会越来越少。

3. 价值与方案椅：收获感

自我同情和思维刹车都属于即时处理技术。要想长久摆脱困境，我们还需要借助价值与方案椅，完成根本性的转变——注意力改变：从丧失视角转向收获视角。

比如，如何看待挑战？除了伤害，挑战还能带给我什么？对我来说，挑战的意义在哪里？如何转"危"为"机"，利用挑战实现更好的结果？

当把挑战视为对自我价值的威胁时，我们会全力阻止挑战，回避问题。但试着想想婴儿成长的过程：经过无数次的跌倒，他才能最终站起来；经过无数次的牙牙学语，才能开口说话……有时候，陷入困境，只是因为我们忽略了自己想要达到的目标，忽略了我们真正想要的东西。

人生进步的秘诀之一就是：去关注你想要的，而不要专注于你不想要什么。这是我们任何时候都可以做出的价值选择。

但是，有些时候从挑战中寻找收获感几乎是不可能的任务，比如王静的父亲，在死亡的恐惧面前，让他找到意义并不容易，可能需要他人更多去倾听、去接纳。

但挑战，无论是错误、失败、被拒绝、丧失中的哪一种，从来都不是仅有伤害，只要愿意，我们就可以从中发现意义，找到积极的一面，让它们变成前进的阶梯。

当来访者能学会从挑战中找到收获时，他面临的困扰就会越来越少。

认知融合——我不好/我有问题/我是失败者

自我状态觉察中结论椅的影响是多层面的，它不仅会让来访者的生活停顿，更会破坏其自我形象，形成负向的自我期待。

就像大伟所定义的自己："创业失败了，我觉得自己是最差劲的丈夫和爸爸，我无法面对妻子和孩子，我就是个失败者。"

大伟的感受，很多失败者都有同感。

"高考我只考上了专科，我对自己的表现非常失望，我觉得自己就是个失败者！我该如何定位自己？"

"离婚了，事业失败之外，现在我又成了婚姻的失败者！"

"为什么我一直都是个失败者，什么都做不好？"

与遭遇失败相同，很多被拒绝过的来访者可能都将自己定义为"没价值的人"。

"是我的问题，这种事总是会发生在我身上。"

"我是个该死的胖子，他们还是瞧不起我、孤立我，没人愿意跟我说话。"

同样，面对丧失，来访者可能将自己定义为各种疾病本身，或者主动做出与疾病定义相吻合的行为。

"作为一个重度抑郁症患者，该如何面对自己的人生？"

"抑郁5年了，反反复复，一切都糟透了……为什么我没有勇气自杀？"

对遭遇过重大伤害的来访者来说，认知融合是羞耻的根源。

"我不是个好姑娘，我不纯洁了，我很脏。"

"我就是个残废，没用的残废，连生活自理都做不到。"

这些来访者都面临着一个严重的问题：某段不愉快的经历成了自我的代名词，"失败者"成了固定的标签。

这种事件与自我融合的现象，生活中随处可见。即便是一些社会公认的优秀者，往往也难逃其害。

有一个故事，女主角本科毕业于北京大学光华管理学院，在新加坡管理大学获得MBA学位，在美国耶鲁大学读完高管班，即将就职于全球顶尖企业。就是这样一位万里挑一的优秀女性，每当遭遇挫折，或者现实与期望不符时，她的内心就会出现一个声音："我是个失败者。"

面对这种困境，我们有哪些工具可用呢？

1. 激活感受椅的第二阶段体验：羞耻/悲伤/恐惧接纳技术

与以往一样，困境的处理首先涉及情绪感受的处理。因此，我们首先需要坐上感受椅，完成两个不同阶段的体验。

失败、错误对不同的人意义不同，有些人会感到羞耻，有些人会感到悲伤，这些感受背后，会有强烈的对未来的恐惧。

所以，困境处理的第一步，我们可以借助识别与接纳技术，让自己体验并勇敢地面对羞耻，面对悲伤，面对恐惧。

当我们不愉快的感受得到确认并表达时，其能量会更容易消退。

在体验并有效处理过情绪困扰后，我们会有更多的身心资源坐到第五把椅子上。

2. 行动反馈与调整椅

（1）认知去融合技术（快速重复被融合的概念）

困境中，"我"="失败"思维会迅速形成，就像海耶斯教授睡梦中遭遇的"我"="愚蠢"一样，我们可以采用思维处理技术快速解除融合。

比如简单的概念重复：大声、快速、重复地朗读"失败、失败、失败、失败、失败"……坚持45秒。

有时，这会让思维停下。万一思维无法停止，那我们可以接着启用自我同情技术。

（2）自我同情技术

自我同情练习并不容易，因为这需要我们挑战成长中已经形成的习惯：自我鞭策才能带来成长，而自我同情只会带来沉沦。

真的是这样吗？

前面我们已经讲过情绪唤醒对自我表现的影响，在心理咨询的实践中，我们也可以清晰地看到：自我压迫带来更多的焦虑、沮丧、崩溃，而自我同情却可以让来访者重新收获力量，整装前行。

所以，在失败的困境中，我们可以调用自我同情的力量。但有时，这需要处理脑海里喧嚣的思维。

（3）思维观察处理技术

认知融合的失败者思维，有一个非常明显的特点：对自己不满。"我不够努力""我过得太轻松了""我应该受到谴责、惩罚"……

这些脑海里的自我对话，会进一步剥夺我们的力量。

要有效处理它们，我们可以借助思维刹车中的观察技术，比如"咦，我有一个想法：我不够努力"；或者，利用命名对话技术，"嗨，思想者，你好，欢迎你再次光临，感谢你关注我的生活，谢谢你对我的提醒，这些我已经知道了，你请自便，我要继续做自己的事情……"

利用这些方法，思维将重新回归思维，而非变成我们自己。

丧失勇气与动力——没用的/肯定不行/我没有办法/我做不到

一次，我上初中的女儿和她妈妈发生了激烈争吵，之后她用了几个小时试图弥补关系，未果后非常愤怒："我说什么都没用，都已经主动跟她道歉三次了，还跟我说'不稀罕'，说什么'道歉有用的话要警察干什么'，有本事你报警去啊！来抓我啊！热脸贴个冷屁股，一点儿台阶都不给我下！你还想让我怎么做？"

女儿没有注意到，她已经坐上了人际反应模式的第一把椅子：攻击椅。

在解决问题的过程中，当我们反复尝试做一件事却无法得到想要的结果时，甚至可能导致结果更糟时，习得性无助感会迅速涌现。在无助中，行动的欲望将快速消失，而攻击或防御的欲望会迅速出现。

对于遭受抑郁、创伤后应激障碍、焦虑等情绪困扰的来访者，以及面临夫妻关系、亲子关系冲突的来访者，这种现象尤为明显。

"不论我怎么努力，妈妈就是不能理解我，不想再跟她沟通了，还是离得远远的，避免彼此伤害吧。"——从攻击椅转换到防御椅

"不想再尝试，我已经承受不起再一次的打击了。"——防御椅

"你别逼我，行不行？我就是难受，就是不想起床，不想出门，做这些有什么意义？就让我自生自灭吧。"——从攻击椅转换到防御椅

"我找了本地最好的心理咨询师，可是经过10次昂贵的咨询，她只是刚了解我的问题，我的困境没有任何改变。以后我再也不想咨询了！"——防御椅

"她越来越不可理喻了。只要说起婚姻，她就开始攻击我，天天像个怨妇一样，你让我怎么改善与她的关系？我是可以倾听她，但她完全不能倾听我，你要我怎么办？"——攻击椅与防御椅

…………

在失败与无助中，很多人会退回到之前非适应的思维、行为习惯，

被迫忽略自己真正的目标，放弃长远有益的行为，转而选择短暂有益却长远有害的即时刺激。

要摆脱这种状态，首先需要处理的就是无力感——在接纳无力的同时，重新体验我能掌控生活的感觉。

1. 自我状态觉察之行动反馈调整椅

（1）思维刹车技术

与恐惧、愤怒、悲伤等原生情绪不同，无助、无力的核心是负向的自我对话。因此，处理无力感的第一步，是思维刹车而非感受处理。

比如三步思维观察对话法：

第一步："我不想跟她沟通，做什么都是浪费时间"；

第二步：向旁边挪开一步，"我有个想法：我不想跟她沟通，做什么都是浪费时间"；

第三步：再挪开一步，"我注意到刚刚我有个想法：我不想跟她沟通，做什么都是浪费时间"。

或者，使用海耶斯教授推荐过的简单歌唱法，用一首自己喜欢的歌曲曲调，比如《生日快乐》，将大脑里的自我对话唱出来：我不想跟她沟通，我做什么都是浪费时间，都是没有意义的……

在这种仪式中，我们就有机会将思维与自我分开，从而免受它对我们行为选择的干扰。

（2）感受转换技术

停止了自我对话，有时并不足以让我们摆脱感受。

很多来访者常说："道理我都懂，但我就是难受，就是不想动，不想做任何尝试！"

显然，此时来访者又坐回了第二把椅子——感受椅，生活再度被感受控制。

要想重新拿回生活的掌控感，我们需要借助有效的感受处理技术，比如感受对比转换。

困境中，两种不同的感受转换技术都可以尝试：简单的身体动作调整，去感受无力，体验强大与自信；或者唤醒特定记忆，在体验消极感受的基础上，去唤醒并体验积极的感受。这种转换，会让我们摆脱无力，重新认识到"我可以掌控自己的生活"。

有些时候，困境中的来访者可能连最简单的改变都不愿尝试，这时，可以借用畅销书作者梅尔·罗宾斯首创的火箭发射倒计时技术。

（3）火箭发射倒计时技术

在书中，梅尔·罗宾斯披露了自己和丈夫曾经困窘的生活：2008年，因为丈夫的餐馆经营不善，他们失去了房子和所有的积蓄，甚至差点失去他们的婚姻。

雪上加霜的是，这时她失业了。待在家里，她感觉自己成了一个彻底的失败者：每天早晨闹钟叫了一遍又一遍，可她就是不想起床，她的脑海里循环播放着一个念头：我生活的一切都糟透了，什么都没有意义，起床能去干吗？

这种状况持续了很久，直到有一天晚上，她观看了一次商业火箭发射过程后，一个灵感突然出现在脑海里：是的，自我说服不能带我找回生活，我需要的就是这样一个指令："5，4，3，2，1，发射！"

第二天早晨，虽然她脑海里依然播放着"一切都糟透了"的念头，虽然她依然不愿意爬出被窝，但幸运的是，她已经拥有了新的工具。闹铃响后，她开始倒计时"5，4，3，2，1，起床！"然后，奇迹般地，遭遇打击后她第一次能按时起床了。

火箭发射倒计时技术的秘诀非常简单：将自己从前两把椅子上拉起来，让自己坐到第五把椅子上，然后倒计时：5，4，3，2，1，行动！

2. 人际反应模式觉察之好奇椅和共情椅

解决人际困境，最大的难点在于处理不愉快的感受，之后，我们就可以让自己安居于好奇椅，探查彼此真实的需求并寻找有效的解决方案；让自己安坐于共情椅，调动对方的行动欲望，并与我们共同努力行动。

当然，这一过程并不轻松，需要我们长期、有效地反复练习，比如，如何放松自我，如何改变身体语言，如何有效地倾听、表达，等等。

上面我们讲述了生活中反内耗的一些组合练习方法。下面，针对睡眠，我们再看看如何利用反内耗的各项技术。

第三节　有效处理失眠

睡眠不足时，我们的身体健康和心理健康都可能遭遇重大打击。

2015年，美国睡眠医学学会和美国国家睡眠研究协会发布了一项睡眠研究报告，分析了每天不同睡眠长度对身心健康的影响。

研究指出，对个人来说，如果每天睡眠长期少于7小时，那么更容易遭遇发胖或肥胖困扰，更易出现糖尿病、高血压、心脏病、中风等问题，身体的免疫功能可能会受到伤害。与此同时，睡眠不足会严重影响大脑的执行功能，比如记忆力、创造力、判断力、决策力等变差，犯错更多，行为更加冲动，更易遭受抑郁情绪困扰，等等。

长期跟踪研究显示：睡眠时间长短与死亡率呈相关关系——睡眠时间长期低于4小时的人，在研究期间死亡概率为7小时睡眠者的2.8倍！

生理神经科学家拉塞尔·福斯特研究指出：精神疾病与睡眠缺乏高度相关。在临床上，包括抑郁症、精神分裂等一些精神疾病发作前，通常会出现睡眠能力被摧毁的问题。我们如果此时能干预、改善睡眠质量，就可减轻50%的发病症状。

研究表明，保持充足的睡眠，可以有效改善我们的各项能力，比如注意力、记忆力、判断力、创造力、决策力等；同时，也会让我们的情绪管理能力更强：更少的愤怒和压力感，更少的冲动，更少的饮酒……

保持良好的睡眠，就是保持我们的身体健康。因此，我将睡眠问题作为单独的一节，讲解具有针对性的解决方案。

失眠的身心机制：陷入感受椅无法自拔

前面曾经讲过：我们的身体有两种运作模式——战斗/逃跑模式和消化/放松模式。

出于进化的原因，我们一旦感受到威胁，身体就会迅速切换到战斗/逃跑模式下。这时，大脑会自行调动一切可用的资源，随时保持警惕，观察威胁，思考应对方案，以便迅速反应。所以，在战斗/逃跑模式下，大脑一定是清醒的，我们绝不可能入睡。

有效的睡眠，只能产生于身体放松状态。

从这个意义上说，入睡的能力，本质上就是自然放松的能力。当失眠时，我们可以闭上眼睛认真想想：我是否丧失了放松能力？

在咨询中，很多来访者会困惑不已：最近我没有遇到什么紧张或焦虑的事情啊，为什么我还是睡不着？

他们遭遇的并非现实威胁，而是心理威胁——偶然的失眠，会因为我们的注意、强化而演变为长期的失眠。

当我们因为一天的紧张、劳累或兴奋，在床上辗转反侧，头一次无法入眠时，遭遇的只是现实威胁。这种失眠，是偶然的。在这种情况下，随着远离刺激源，我们的身体会自然恢复与放松，然后，良好的睡眠会自然返回。但有些情况下，这段失眠经历会被记住，并逐渐放大，比如，"昨天我失眠了，今晚我千万别睡不着，明天还有重要工作……"或者，当我们躺在床上时，我们开始催促自己："今晚千万别再失眠，快点睡着……"当这些思维占据我们的脑海时，现实威胁变成了想象的威胁——新的失眠诱因开始出现了。

人类的大脑有一个特点，无法有效区分想象和现实。所以，当威胁来自大脑内部时，来访者往往会无意忽略。

比如躺在床上，有些人会想：

"今晚千万不要再失眠了。"——这种对失眠的恐惧，就是威胁！

"赶紧睡，明天还有工作要做呢。"——这种对自我的压迫，以及对明天的焦虑，就是威胁！

"我真是个失败者，我再也不能摆脱失眠了。"——这种负向的自我标签，就是威胁！

"我练过放松技术，我可以试试……咦，怎么放松也睡不着？"——这种高强度的自我控制，就是威胁！

……

很多失眠者都有这样的体验：在床上辗转一夜之后，眼看着天色渐渐变亮，自己忽然有种解脱的感觉：又毁了一个晚上，果然再次失眠。然后，神奇的事情出现了：伴随着天亮，忽然睡着了！

为什么会这样？为什么毁了一个晚上之后突然又能睡着了？

原因在于，失眠者接纳了自己糟糕的一夜后，自然放松了——天亮了，已经没有了继续战斗的理由！

所以，离开感受椅，坐上接纳椅，让身体放松，才是解决失眠问题的核心。

为何我的放松方法无效

在失眠的困扰中，很多人会求医问药，寻求各种有效的解决方案。比如，睡前用热水洗脚、洗澡，睡前半小时开始看书，睡前喝杯热牛奶，等等。这些方法，也许能短暂发挥作用，但很快，它们就丧失了魔力。

为什么会这样？

在接纳承诺疗法中，有一个重要的概念：解决问题的方案，往往会成为新的问题。下面，我们一起看看，为什么失眠问题的解决方案可能会加剧失眠。

失眠问题的核心在于，战斗/逃跑式思维会不断激活大脑。虽然身体躺在床上，但脑海里有可能正在翻江倒海。比如，当一个人发现自己无法入睡时，可能会安慰自己"很快就会睡着的"，或者"上周我成功处理了这种情况，这次我也能处理"。所有这些对话，都试图让自己安静，让睡眠自然到来。但不幸的是，这种对话反映的问题是——我没睡着；这种关注会带来反复的检视：我睡着没？怎么还没睡着！在这种关注与焦急的等待中，自我安慰的幻象很快会被击破——当依然无法入睡时，很多来访者开始怀疑自己虚假的安慰，这让他们更加清醒。

其他类似的对话包括"我困了""我不在乎能不能睡着"——这种虚假的接纳及其真实的控制意图，只会让人更加清醒。在无休止的思维活动中，一旦自我对话聚焦于自己，问题就会变得更严重。比如，"你有什么毛病吗？为什么不能像别人一样正常入睡""太失败了""振作起来"，等等。

有效的解决方案，必须能解决大脑里的自我战斗，要能将身体从战斗模式转为放松模式。但我们通常用于解决失眠的方案，并不具备这些作用。

比如看书、喝牛奶、洗脚、洗澡等睡眠仪式，为何无法持久有效？试着回想我们失眠前的日子——为了睡眠，我们不需要做任何事情，我们只是自然入睡而已。当这些睡前仪式成为睡眠控制手段时，我们脑海里会出现大量诸如此类的声音："我做了该做的事情，现在赶紧睡吧。"这种催促，只会唤醒大脑。与此类似，想更早上床进入睡眠的方法，只会让自己更加焦虑。

比如，现代生活中，我们已经习惯于使用电子产品——上床前，会长时间看电视、听广播、上网或者玩游戏，这些行为都会激活大脑，从而损害睡眠。有些情况下，失眠者还可能会用这些手段作为分散自己大脑注意力的方法，比如听着音乐或看着电视入睡，一开始这可能有效，但因为它们无法从根本上解决焦虑等感受问题，很容易就丧失作用。现实中，我们很容易看到一些短期有效的方案会导致长期失眠。

为了解决失眠问题，有些人会在睡不着时选择起床做事，比如收邮件、吃东西、喝水、上厕所、做瑜伽、运动或者仅仅在屋里徘徊。这些活动，有助于个人摆脱失眠时的大脑思维或焦虑感，但一回到床上，它们会再次出现，然后你只能再次起床……长此以往，一个新的问题就会出现，上床后你会习惯性地起床做事，这会加剧而非解决失眠问题。

还有一些人，在处理失眠的过程中采用了有效的方法，比如呼吸调整、身体放松等技术，但为什么依然会失眠？原因在于，如果回避失眠（A）成为我们的目标，那么呼吸调整、身体放松（B）就成了替代性的工具，在运用工具B时，我们会时刻关注A是否依然会出现。这种关注、检验，以及由此带来的恐惧、焦虑，就成为一种新的唤醒，让我们无法顺利进入睡眠！

所以，对失眠的恐惧，以及恐惧中试图对睡眠进行"控制"的努力，是失眠最根本的原因。

接纳失眠——觉察看不见的战斗

我们已经了解到：恐惧、控制不是失眠的解药，而是导致失眠的源头。在处理失眠的过程中，我们越努力，失眠问题有可能越严重。

但是，仅仅认识到这一点并不能让我们停止控制自己的失眠，因为人性的特点之一，就是试图控制一切。

既然如此，我们如何才能放弃控制，从而在睡眠时远离第二把感受椅，顺利坐上第三把接纳与放松椅呢？

首先要认清我们所使用的椅子，并主动选择第三把椅子，接纳并停止与失眠以及由失眠带来的各种思维活动的战斗。

盖伊·梅多博士在英国创办了一家睡眠学校，用接纳承诺疗法成功帮助了上千名遭受失眠困扰的来访者。在实践中，他总结了失眠时人们经常要面对的战斗性思维。

1. 我会失败

对失败的恐惧是与失眠战斗的最大诱因——有些人会担心无法处理第二天的工作任务，有些人只是担心自己无法像别人一样正常睡眠。在自我状态觉察五把椅子练习中，你已经看到了，这是第一把椅子。认清了这一点，会更有助于我们起身并坐到第三把椅子上。

2. 失眠会让我的身体受到伤害

睡眠研究显示，持续缺觉会导致严重的身体伤害，比如，每天睡眠不足4小时的人群，相比每天睡眠7小时的人死亡概率高2.8倍，更容易遭受肥胖、心脏病、高血压等问题困扰。这些都是基于长期睡眠不足得出的结论。事实上，失眠的短期影响，则包括第二天会感到不舒服，或过度疲劳、头痛、痛苦、心境不稳，等等。尽管会不舒服，但这不会造成实际的身体伤害。甚至有很多关于抑郁的研究指出，短暂的失眠剥夺，会有助于缓解严重抑郁症状。所以，一晚上失眠，不会让我们的身体受到伤害——离开感受椅，我们会更好地坐上接纳与放松椅。

3. 没有药物帮助，我无法入睡

对于很多失眠者来说，依赖药物而不相信自己，是康复路上的巨大阻碍，尤其是在遭遇药物戒断反应时，短期内可能会出现更糟的睡眠。出于这种恐惧，这些来访者很难摆脱第二把椅子的束缚。我的一位来访者曾有长达9年的服药史。在康复的过程中，他首先练习了几个月的自我觉察与放松技术，然后才开始挑战停用药物。虽然有反复，但由于他已经掌握了相应的处理技术，整个过程并不像他想象的那样艰难。

4. 我的想法太强大了

刚开始处理失眠时，很多人会遭遇挫折，比如思维依然无法控制。这时，人们会责怪自己，说自己的想法太过于顽固，以至于无法摆脱失眠。利用讲过的五把椅子觉察技术，在失眠时准确觉知自己所处的状态，会更有利于采取行动，解决失眠困扰。

5. 半夜睡不着时，我们很容易开始痛苦，认为自己是不幸的

这种受害者思维，会让我们陷入不公、愤怒等感受椅状态，无法顺利走出困境。事实上，盖伊·梅多博士的研究认为，失眠的并非一个人：大约30%的成人会遭遇失眠困扰。

6. 现在不是合适的时间

比如工作压力太大，要养育小宝宝，或者要开始放假，等等。如果你足够诚实，你会发现，在改变这件事情上，永远不会有合适的时机——我们会本能地抗拒一切改变，即便它是有益的。

7. 太累了，坚持不住

疲劳会降低我们前进的动力，以及我们经历不愉快体验的意愿。有效处理失眠，需要改变态度，拥抱失眠。而这有可能导致一段时间更严重的失眠（比如放弃药物依赖），从而让很多人惊慌失措。在接纳承诺疗法中，一个重要的观念是我们如何决定自己的行为：是依据当下痛苦

的感受，还是带着当下的痛苦向着正确的价值观前进？我们如果要依从于短期感受而放弃努力，那么是很难有长期效果的。

关于接纳的理念，近年来大家听得越来越多，比如要接纳自己，接纳痛苦，接纳感受，等等。但如何将接纳体现为行为而非语言，很多人却未得要领。

其实，接纳非常简单：当我们将注意力集中于此时此地，当我们用身体、用五官来感知周围的世界时，我们就是在接纳。

还记得我们在本书第四章介绍的利用感官刺激回归当下的方法吗？要有效处理失眠，白天任何时候你都可以使用那些方法做几分钟练习。当躺在床上时，我们同样可以使用该方法。其实，不只是感官刺激，简单的呼吸调整，将注意力聚焦于我们的呼吸之间，同样可以达到回归当下的效果。

"这不是让我逃避吗？"正上高三的小伟刚听到针对接纳的介绍时，曾经这样质疑。

但这不是逃避。逃避是我们通过控制思维的方法让自己不要想、不要注意。但回归当下的练习，其核心不是控制，恰恰相反，回归当下要做的，是放弃控制——单纯地去觉知正在发生的事情。

接纳失眠有效技术练习

思维观察法

闭上眼，深呼吸3~5次，然后关注是否有任何想法浮现于脑海。观察到一个念头出现时，大声说出来，或者用"思维"代替，或者用你喜欢的类别代替，比如"工作""家庭""学习""情绪"等代替。

什么是思维？比如："我怎么这么蠢？这是在干什么？"或者："我怎么什么想法都没有？"或者："我做得对不对？"或者："真无聊！"或者："万一我做错了怎么办？"或者："我这是不是在逃避？是不是想法出现时要迅速打断它们？"……大脑里所有的疑问、评判、否定等，都是想法。

当我们学会运用回归当下的方法或思维观察法来处理失眠时，短期效果是：可以停止在床上翻来覆去、左思右想、焦虑难受，避免自我纠结、战斗带来各种额外的能量消耗。长期效果，会在上床与良好睡眠间重建全新的连接，恢复自然入睡的能力。

也许，在开始练习的前几天依然会失眠，但至少你会感觉到疲劳感迅速减轻，面对新一天的挑战，精力会更充沛。

欢迎失眠

想象一下，当你和最亲密的朋友在一起休憩、娱乐时，身体是什么感受？再试着想象，自己作为一名战斗士兵，在战场上误入对方的伏击圈，当敌方士兵拿着武器气势汹汹地从四面八方包围过来时，身体又是什么感受？

面对威胁，我们必须做出应激反应——前面已经说过，这会导致持续的觉醒；而身处朋友之间，我们的防御意识会在亲切、友好的氛围下迅速降低，身体的工作模式会从战斗/逃跑状态切换到休息/放松状态，而这正是进入睡眠所需要的。

2002年福克斯小组的一项研究已经证明，焦虑会导致我们的注意力指向威胁性信息，这种指向很难被移开，而这会严重妨碍我们根据当前需要灵活分配注意力。

所以，要离开导致失眠的第二把感受椅，我们不仅需要借助呼吸调整或思维观察练习接纳失眠，更需要彻底转变与失眠的关系——从敌人到朋友。

要完成这种转变，我们可以使用之前所学的思维处理技巧，但也可以只用一个简单的小练习——在觉察到自己思维的基础上，想象自己张开双臂亲切地迎向它们、拥抱它们：你好，老朋友，欢迎你来拜访我，你请自便，我还要迎接其他朋友。

虽然让你恐惧的一切依然还在，但是，你已经无须紧张！

还记得我的女儿吗？她曾经利用交朋友的方式处理了睡觉时内心的恐惧。可是后来有一段时间，她跟我抱怨这个方法也不管用了，每天要很晚才能睡着，数数、数绵羊等方法毫无效果。

于是，我将呼吸调整的方法告诉她，"宝贝，试试调整你的呼吸，吸气时坚持从1数到4，然后呼气时坚持从1数到6，节奏要平稳……"

一周后，女儿从学校回家，对我说："爸，你教我的方法根本不管用，我自己找到了一个更好的方法。"

"哦，什么方法？"我很好奇。

"你的4/6呼吸法搞得我越来越清醒，所以我就改成吸气时数1，呼气时数2。然后我的呼吸节奏就是1、2、1、2……这样我很快就睡着了。"

女儿的故事再次提醒我：控制，是睡眠的天敌！要想放弃控制，你可以用本书提供的任何练习，同时，你也可以找到最适合自己的练习方法。

失眠思维觉察练习

失眠思维观察

当你失眠时，大脑里有哪些常见的思维？看看下面这些来自其他失眠者的苦恼，你的苦恼和他们有相似之处吗？

看样子我今晚又要一夜无眠了。

如果我今晚不能好好休息，明天的会议我的表现一定会糟糕的。

又失眠了，我要做些什么来解决失眠问题呢？

还睡不着，我是不是应该再吃片药？

老公睡得像头猪一样，为什么失眠的偏偏是我？太不公平了。

唉，糟透了，明天怎么办啊？还不如明晚失眠呢。

睡不着，我真是个失败者，我战胜不了自己。

我不能再这么悲惨地过下去了，我要想办法解决。

今天同事说我有白头发，失眠一定会让我的身体越来越糟糕的。

我是唯一睡不着的人。

真不公平，为什么别人都能睡着而我不行？

如果不戴耳塞或眼罩，我就无法入睡。

如果他继续打鼾，我是睡不着的。

如果我跟别人躺一个床上，我是无法入睡的。

如果睡不着，明天我又会疲劳不堪了。

我需要放松来进入梦乡。

如果失眠再度回来怎么办？

我会变抑郁的。

一旦焦虑，我就无法入睡了。

我心跳得越来越快，我会得心脏病的。

这会影响我的社交。

这种方法完全不管用。

我再也无法追求自己想要的生活了。

第四节　正确选择目标并拥抱你的责任

在本书中，我为大家讲解了摆脱内耗与心理痛苦的多种实证技巧，从最底层的注意视角转换、思维处理，到最直接的感受处理，再到最有针对性的人际关系处理，以及最核心的技能补足与问题解决。有效利用它们，你可以解决生活中的大部分苦恼。

但到目前为止，我们一直没有介绍另一件更重要的事情：有效设定训练目标！

在习得性无助试验中，大家已经了解了目标、行为、反馈、思维（选择），以及感受之间的循环关系。本书之前所有的内容，都在讲述如何通过行为改变有效处理思维、有效处理感受，进而获得有益的反馈。

鉴于目标的重要性，我们将它放在本书的结尾处，希望得到大家的重视。在常见的目标设置中，通常我们会遭遇三种引发内耗的陷阱。

陷阱一：目标违背了自然规律

傅伟是个工程师，因焦虑问题而常年就医，并在医生的嘱咐下坚持服药。在服药的同时，他已经做了一年多的心理咨询，尝试了多种心理疗法。但这些努力并没有帮他摆脱困境：在使用笔记本电脑工作时，他依然很容易被一些刺激转移注意力，比如突然的手部抽筋、脸部肌肉的抽动、眼部的紧张、身体其他部位的刺痛感……这些问题导致他无法专心做事，让他疲惫不堪。

在采用自我放松和思维观察训练两周后，他惊讶地发现：自己的脑海里一直有无穷的声音出现，无论是在工作还是在娱乐，它们一直在那里喧嚣，一直在不停地让自己、他人以及世界进行各种评判……

几周后，这些新的练习成功地缓解了他的焦虑感，但并没有完全根治。于是，他问出了一个重要问题：我何时才能彻底摆脱这一切痛苦？

何时才能彻底摆脱痛苦？

我们知道，目标是指路的灯塔，也是效果评估的依据。错误的目标，会因其与现实间巨大的差距而让我们感受到挫折；正确的目标，则会以持续积极的反馈，让我们充满自信与前进的力量。

就像大多数被困者一样，傅伟的问题，呈现了目标设置中的第一个常见陷阱：违背自然规律，让问题变得复杂而非有效解决问题。

为什么傅伟给自己设定了一个错误的成长目标？因为痛苦和成长，是同一个模型的两面：

痛苦=不愉快感受+不愿意经历不愉快的感受

成长=不愉快感受+接纳不愉快感受并向着正确的价值观行动

我们知道，每个人每天都会经历不愉快的感受，这是无法被控制的。当我们将目标确定为摆脱它们时，我们就为自己建立了一个痛苦模型；当我们将目标确定为接纳它们并继续向着正确的价值观前进时，我们则开启了新的成长模型。

陷阱二：目标不可自控

肖楠的妻子得了抑郁症，白天会充满焦虑、胡思乱想，晚上常有失眠情况，经常会感觉对不起别人。看着痛苦的妻子，肖楠非常着急："老师，我虽然不理解这种疾病，但我想帮妻子，你告诉我怎么能让她不这么焦虑，怎么帮她走出抑郁？"

肖楠的问题很难回答。因为走出抑郁，需要靠他妻子内心的力量。肖楠可以选择无条件支持妻子，却永远无法左右她内心的走向。

与肖楠一样，很多来访者的目标都建立在他人、环境改变之上。比如，有些高中生会问："我怎么让父母、同学、老师、环境改变？如何让大家都喜欢我？"有些妻子会问："我怎么改变过去？我该如何让丈夫离开那个女人？"有些职场人士会问："我该如何让领导转变对我的看法？"

所有这些瞄准他人、瞄准环境改变的目标，都存在一个基本的问题：目标完全不可控！一旦我们将目标建立于不可控因素之上，迎接我们的，大概就是永久的痛苦。因为不可控的目标－放弃自我责任＝沮丧随时可能出现！

要摆脱困境，我们需要承担起自己的责任。在这种立场下，我们唯一能依赖的，只有自己的注意力、思维、行为、感受、倾听、表达等能力。

陷阱三：目标与价值脱钩

痛苦中，常见的现象之一，是来访者被感受左右了自己的生活。

比如，正在上高一的晚晴，其行为一个月来发生了剧烈的变化："我想好好学习，但每天都难受。所以，每晚我都是借同学的作业一顿抄。我也不想这样，成绩日益下降，我也很焦虑，但我能怎么办？"

是啊，能怎么办呢？

对晚晴来说，其正确的价值方向是好好学习，但其目标选择是减少痛苦，行为选择因此变成了放弃努力与思考，每天只是抄写同学的作业……

这真的是没办法吗？

晚晴所缺的只是有效的处理感受痛苦的技巧。这种能力的不足，让她不自觉放弃了正确的价值选择，放弃了必然与价值实现相伴随的不愉快感受体验。

所以，在这场摆脱内耗、处理痛苦的战斗中，真正有效的目标，不是谋求彻底摆脱它，或者战胜它，而是选择拿回自己的掌控权，并重建与思维和不愉快感受的关系——

接受它们是生活的一部分，它们同样有着积极的意义，在向我们传递有用的信息！

学会与它们共处！

学会在它们出现时，能用接纳、欢迎等实证有效的仪式进行处理，然后带着它们继续向着正确的价值观前进！

对我们来说，思维、不愉快感受是否出现是不可控的。但如何处理，以及是否要让它们变成无尽的痛苦或内耗式的折磨，则是个人可选择、可控制的！

当然，要做到这一切，我们还需要面对并处理受害者思维，选择面对内心对失败的恐惧，并勇敢承担起自己应负的责任：我能选择并追求我想要的生活——因为除了你自己，没人能将你带离困境！

希望每一位读者都能承担起生活的责任，在正确目标的指引下，在有效方法的帮助下，早日过上更有意义、更幸福的生活！

Tips

在心理困境中，虽然每个人问题的起因、发展、表现以及诊断结果等都可能截然不同，但心理痛苦的核心过程并无差异：在比较中，被特定的感受或思维控制，丧失了行动的自由，并持续采用非适应性、无效的问题解决模式却不自知。本书推荐的练习，就是要帮读者在行动中重建与感受、思维的关系，走出内耗并重建行动的自由。但你如果坚持本书推荐的练习却迟迟感受不到内在力量的增长，就需要及时寻找专业咨询师的支持和指导。

练习吧

1. 此时此刻，在个人状态觉察的五把椅子练习中，你坐在第几把椅子上？日常生活中，你习惯于坐在第几把椅子上？如果要从混乱走向和谐，你需要做出哪些行动改变？

2. 在人际反应模式的五把椅子中，想一想当你与家人、朋友、领导、同事、陌生人等沟通时，你习惯于坐在哪一把椅子上？这给你的沟通带来了什么影响？如果要让自己的沟通效果更好，你需要做出哪些行动改变？

3. 认真想一想：当有一天你彻底摆脱了恐惧、悲伤、愤怒、羞愧、自责、孤独、厌恶等不愉快的感受掌控时，你想过什么样的生活？为了过上这样的生活，你需要哪些行动或改变？

4. 如果你面对一个被失眠困扰的朋友，你能告诉他失眠的原因并指导他如何行动，从而帮他有效解决失眠问题吗？

5. 读完了本书，你能自己总结出终结内耗的三部曲吗？

附：练习常见问题及处理建议

1. 关于文化冲突

问：

受文化的影响，我一直认为人就是要对自己狠一些，要求高一些，就是要不断追求卓越，否则就是在浪费生命。生活中偶尔有让我满意的时候，但很快我就会看到新的目标，然后开始对自己不满。我在这种"总想要更多，否则就不安"的心态下，该如何有效练习？

练习建议：

我们的文化，确实鼓励奋斗，赞美努力，但这并不意味着我们无法获得内心的宁静。

比如你所提到的"不安"，其内核是恐惧与焦虑，在大脑里展现的是自我压迫式的思维对话。所以，在感到不安时练习情绪冲浪技术，在情绪缓解时练习思维命名对话技术，在担忧未来时调整时间观模式，等等，这些练习都可以有效处理这种"想要更多"带来的焦虑不安。

另外，2018年，剑桥大学三一学院心理学和神经科学研究所布瑞恩·彭妮主导的一项全新研究发现："想要更多"的思维，会带来众多的负面效果，并降低生活满意度。同时，秉持金钱至上观念的人，很容易陷入"想要更多"的陷阱。

2. 关于自我怀疑

问：

做练习时，总有一个声音告诉我："你做得不对，你做得不好，做这些有什么意义？"这些声音总是干扰我，我该怎么办？

练习建议：

思维是无时不在的。

书中所建议的思维处理方案，解决的不仅仅是回忆、多思、融合等问题，同样它们也可以解决指责、怀疑等评判式思维。

面对这些干扰，你可以简单地说一句"哦，我走神了"，然后将注意力拉回练习，也可以用思维命名对话法欢迎并处理它们，再继续练习。

带着干扰，继续练习，本身就是一种很好的技能养成训练！

3. 关于练习目标

问：

我有焦虑问题，这种体验真是太糟糕了，我已经受够了它的折磨。为此，我已经咨询了6个多月，也用过你所说的一些方法，比如接纳自己的焦虑，不再战斗或逃跑等。但说句老实话，我觉得这没什么用，我依然会经常焦虑。我如何才能摆脱它们？或者，为什么不能直接忽略它们？

练习建议：

这本书想要传递的核心信念之一，就是"任何一种不愉快的感受都有其存在的价值，都不能被否认、漠视、回避"。

焦虑也是。

你的问题涉及两点：一是体验与评判的关系，二是目标对未来的影响。

当你对焦虑做出评判——"它很糟糕"时，你将"焦虑"变成了自己的敌人。面对敌人，我们的大脑会自动进入战斗/逃跑状态，在这种状态下，你会逐渐丧失生活。所以，转变的核心在于将"焦虑"转化为你的朋友，让自己放松下来并寻找"焦虑"背后的价值。

在放松与收获的状态下，你的生活会重新回来。体验和评判，不是一件事，它们是两件事。

另外，如果你的目标是摆脱焦虑，那么你能收获的就只有挫折。前面我们说了，痛苦=不愉快感受+不愿意经历不愉快感受。所以，不愿意体验焦虑，或想要摆脱焦虑的欲望，只会让你更加痛苦而非相反。

如何有效处理焦虑？当它出现时，你可以利用我们介绍过的冲浪技术处理它的冲击；也可以利用思维处理技术在接纳它并视之为朋友的同时，唤醒好奇意识；或者利用呼吸调整技术，接纳它的冲击并激发松弛感。

你可以选择体验焦虑，同时放弃评判，你也可以重新选择焦虑处理的现实目标，这会让你更有力量继续向着价值观前进。

至于为什么不能忽略，你一定尝试过这个方法，这帮你得到想要的东西了吗？忽略同样是一种对自我感受的压制，它会引发情感脑与理智脑的冲突，从而削弱我们的行动能力。

4. 关于内心恐惧

问：
练习可能会有用，但我个人的情况和你说的那些例子都不一样，你能给我提供一些额外的信息让我消除疑惑，安心练习吗？

练习建议：
你想要的安心，恐怕无法从思维层面获得——自我说服无法让心安静下来。

举个例子，无论我提供了何种信息，你都会提出新的问题，比如：你说的是男性，我是女性；你说的情况没有服药，而我在服用抗抑郁药物；你说的人是20多岁，而我已经快40岁了……

在自我说服的路上，总有无数的"不同"在等着你！怀疑一旦出现，就无法通过自我保证来消除。

但是，如果能跳出思维，进入"疑惑/不安"的内部，你想要的"安心"就有机会从行为层面获得，比如，利用情绪冲浪技术体验、接纳内心的不安，利用思维觉察技术观察脑海里不断闪现的念头，利用思维刹车技术在必要时对思维喊"停"。

5. 关于感受冲突

问：

你带我做练习时，我能感觉到自己的变化，但咨询以外当我难受的时候，我只想缩在一个角落里，不想做什么练习。在这种情况下，你有什么可以帮我的吗？

练习建议：

我们每个人都很容易掉入一个感受陷阱：只有当我感受好了时，我才去行动。实际上，任何改变对大脑而言都是一种挑战，都会带来一种"糟糕"的感受。所以，如果要"感受好"，那么改变将永远不会发生。

生活是种选择。

为什么我们强调要明确价值观，并用价值观主导行为，原因就在于，这将有助于你选择自己想要的生活。

困境中，你可以选择缩在角落里，去长久感受自己的无助、脆弱、无能为力，这没有问题，它只意味着你做出了一种选择。如果你发现这种选择无法帮助自己过上想要的生活，那么你也可以用练习去有效处理感受，比如利用情绪冲浪技术，在体验种种不快的同时，继续向着正确的价值方向前进。如何选择，这是你可掌控的。

如何选择，靠的是自己，而非其他人。

6. 关于理念冲突

问：

你告诉我，思维和感受不能控制。但每次我注意到走神时，运用你教授的方法迅速处理，把注意力拉回来，这不就是控制吗？一想到这一点，我就不知道该怎么做了！是不是我的理解有问题？

练习建议：

思维和感受是不能控制的，原因在于，心理学研究和实践都清楚地说明：控制是无效的行为选择。

但注意到自己走神时的注意力转换练习，并非控制，而是一种选择。

控制性的思维是这样的：在走神前的自我对话，"千万不能走神，我得控制住自己，不要走神，不要走神……"；在发现自己走神后的自我对话，"我走神了？我不能走神，那样我会失控的，我得把注意力拉回来，不能走神……"

注意力转换并非如此，它是建立于接纳之上的选择："哦，我走神了。"之后建立于价值观导向的行为上："我可以选择集中注意力，关注我需要做的事情。"

这两种处理方式有着本质的区别：控制会引发焦虑和自我战斗；接纳则会释放紧张，并恢复向着正确的价值观行动的能力。

所以，注意力灵活性训练，是以选择而非强制为基础的。

7. 关于概念融合

问：

我的"本我"和"超我"过于强大，并且不停地争执，比如我想吃冰激凌，"超我"就像一个圣母，告诉我说："这不行，会长胖！""本我"则像一个恶魔，怂恿我说："想吃就吃，要做自己！"

结果，我每天都处于矛盾、犹豫之中，现在一事无成。我该如何用练习平衡"超我""本我"？

练习建议：

忘了"超我""本我"的概念吧！

提炼并使用概念有助于我们快速了解世界，但同时，过度使用概念会造成至少两种负面影响：一是让我们习惯从僵化、单一的角度解读世界，忽略了其他真实、丰富的细节信息；二是概念间的差异会导致"你""我""他"等人为区分，从而引发无尽的争斗。

思维的问题，无法单纯用思维解决！

因此，要想摆脱大脑里自我挣扎的困境，我们需要在秉持价值观行动的同时，用行为仪式对思维进行简单、有效的处理。比如给大脑起一个简单的名字"纠结帝"，当自我争辩出现时，与"纠结帝"做如下对话："好的，纠结帝，我注意到你又来了，谢谢你关心我的生活，欢迎你。我现在还有事情要忙，无法照顾你，所以请自便，我要先做事情了，再见！"

选择清晰的价值观后，你会更容易摆脱思维纠结而开始有效行动。

8. 关于适用范围

问：

针对抑郁、焦虑、强迫、神经官能障碍、创伤后应激障碍、惊恐发作、失眠等不同情况，这些练习会有帮助吗？

练习建议：

无论是何种心理困扰，背后都有三个基本的心理过程——注意力、思维、感受，还有一种基本能力——解决问题的能力。

本书提供的练习，针对的就是这些基本的心理过程，这是底层练习，不受问题表面现象的局限。比如思维模式转换、感受转换、成长性心态发展等，都是在提升注意力灵活转换能力；比如思维命名对话法、观察法、第三方视角等，都会提升思维有效处理能力；比如接纳、冲浪体验、情绪转换技术等，都是在有效处理个人感受。

这几方面的技巧练习，同沟通技能练习一起组成了最基本的解决问题能力，你可以借此有效处理任何心理过程导致的困境，无论是抑郁、焦虑、强迫或其他任何被概念化的问题。

9. 关于习惯养成

问：

我有一个疑惑：当我情绪正常时，我不觉得自己有必要做你推荐的练习；但遭遇挑战，比如陷入愤怒、沮丧、悲伤等感受时，我又没有动力甚至不想做你说的练习。针对这种情况，你有什么建议吗？

练习建议：

生活是自我选择的结果。

如果你了解了大脑的工作特点，你会发现，在紧张状态下，我们的大脑会自动调用最熟悉的行为模式。这就意味着，如果你不做练习，不培养挑战面前全新的行为模式，那么当挑战来临时，你根本没机会尝试新的、有效的处理方案。

所以，真正的问题是：你想过什么样的生活？

如果你希望自己能摆脱困境，更好地享受生活，那么全新的练习就是必要的。虽然它们有时看起来有些傻，但海耶斯教授等人的研究揭示了一个惊人的事实：那些在看似愚蠢的痛苦承受任务（比如简单地屏住呼吸，看看自己最长能憋多久）中表现良好的人，心理和行为健康程度会更高。

你的生活，只能由你做出努力！

至于你说的"不想"，背后体现为一系列的思维。你可以尝试先利用火箭发射倒计时技术和情绪冲浪技术有效处理糟糕感受，然后利用思维处理技术处理"不想"等无休止的自我阻碍对话。

10. 关于极端念头

问：

我的大脑里经常会出现极端念头，比如走路时我会想"如果被车撞就好了"，站在高处时会想"跳下去，就再也没有痛苦了"。这些念头，我该如何用练习接纳它们？难道让我遵从这些念头吗？

练习建议：

生活中，很多人在某一时刻都会有极端念头。海耶斯教授曾经开过一个玩笑：98%的人在生命的某一刻都会有想杀了自己的念头，另外2%的人，则一定撒了谎。

书中所有练习的核心，都是教读者如何用行动将逃避、漠视、否认等无效模式转变为接纳模式。极端念头也是，如果你视之为敌人，与之战斗，那么你在压迫自己、削弱自我力量的同时，就会不断赐予对方更强的力量。当有一天你不再有足够的力量压制时，它们就很容易主宰你的行动。

针对这种念头，接纳意味着关注到它只是一个想法，而非在它的控制下去采取对应的行为。比如，你可以利用思维处理法做这种简单的表达："我有个想法：我想被车撞或我想跳下去，以便结束痛苦！"

当我们放弃评判，只是进行观察时，我们就会发现所有的想法、感受都是被允许的，它们不是敌人，而是生活的助手，想要告诉我们一些值得认真倾听的信息。比如这种想法背后的提醒可能是：你需要找到有效的问题处理方式，你需要做出改变，你需要开始行动，等等。

本书的目标，是让你在任何时候都拥有向着正确价值观前行的选择能力。任何时候，你都可以选择接纳思维或感受，同时选择过自己想要的生活，而非被它们控制你的生活。

11. 关于反省与进步

问：

为了做得更好，我每天都会自我反思，希望能发现不足之处，并在以后做得更好。但十几年过去了，为什么我还是无法改掉那些常见的缺点？比如，我很容易对下属发脾气，很容易遇到事就激动，完全控制不住自己。

我到底该怎么做才能摆脱困境？

练习建议：

中华文明一直倡导自省精神，认为这是自我成长的重要一步。

但自省从来不是孤立的。

对于很多被困者来说，自省只停留于思维层面：比如方向，"为什么""怎么会"的纠结；比如内容，不停地自我说服或自我教育；比如结果，"我很差""我要改"式的自责……在思维世界里的无尽思考，不仅会浪费宝贵的身心资源，更让我们错过了自省中最重要的一点——怎么办。

在大脑工作模式中，我们看到决定挑战前行为反应模式的，不是理智，而是习惯。所以，有效的自省，在简单、客观地扫描了事实之后，必须回答"怎么办"，进而指导自己迅速将"怎么办"转化为有效的行动。

大量的心理学研究也表明，过多思考、关注自己的不足，无益于解决问题。所以，接纳承诺疗法创始人海耶斯教授的开山之作，就是《学会接受你自己》。这与中国的自省精神的实质是一样的：去行动，而非仅仅思考！

你提到的失控、激动、发脾气，都是特定情景下的行为反应模式，其背后是以脑神经回路为基础的习惯。要改变它们，你需要的不是自省，而是全新的行为反应方式练习，这会是一个需要持续努力、实践的过程。

12. 关于价值观

问：

书中提到，改变的核心在于明确自己的价值观，并在痛苦中选择继续朝正确的价值观前进。可是，我不知道自己在乎什么，我找不到正确的价值观，怎么办？

练习建议：

是的，正确的价值观是一切仪式性行为处理的根本目标。如果找不到正确的价值观，我们就很容易失去行动的方向，迷失在无尽的细节痛苦中。

你如果暂时找不到正确的价值观，可以暂时往后退一步，寻找另外两个问题的答案：我最恐惧的是什么？什么会让我愤怒？有时，正确的价值观就隐藏于恐惧和愤怒之中。

比如"我害怕别人会瞧不起我"，那么正确的价值观就是成为有价值、被认可的人，这意味着你的行动要朝向自我充实、提升，以及个人与社会价值的创造与实现。

比如"我有广场恐惧症，害怕别人看到我恐惧发作的样子"，那么正确的价值观就是关注人际关系与社会交往，这意味着你的行动是走向人群而非远离人群。

比如"对父母不尊重我的决定，我感到愤怒"，那么正确的价值观就是赢得父母的认可，成为独立自主的个体，这意味着你要勇敢面对父母，学习如何有效建立人际界限，维护自我利益，而非漠视甚至逃离父母。

13. 关于接纳、放下

问：

你总是说要接纳感受、思维，无论它们是否是愉快的。我的理解是：这是不是要做到没心没肺？不管遇到什么难题，只要让自己不去想它，认同它或者忽略它就行？

练习建议：

接纳、放下是种选择，其核心在于活在当下，绝非没心没肺，或者不想、认同、刻意忽略、压制等控制性行为。换句话说，这些会诱发情感脑与理智脑冲突的控制，都只会引发内耗而非接纳。

接纳是过程而非结果：在自我觉察、环境觉察等练习中，当我们关注于正在发生的事情时，比如注意到思维——"我正陷入过去的痛苦回忆中"，或者注意到感受——"我现在在思考未来的不确定性，肚子感到发紧，心跳开始加速"，我们所做的就是接纳。这不代表过去没有痛苦，或者未来没有焦虑，只是我们注意到记忆唤起了某些痛苦，或考虑未来唤醒了某些焦虑。

你如果能聚焦于此时此地，就会注意到：接纳不是评判，不是控制，而是如实地觉知正在发生的事情：可以是觉知自己的思维、感受、生理变化，也可以是觉知周围的视觉、听觉、嗅觉、感受觉等环境刺激。

14. 关于自责与批评

问：

你说要接纳那些不好的事情，接纳自己犯的错误，但如此一来，我们还怎么进步？我们不就是在批评与自我批评中前进的吗？如果在犯了错误后不批评自己，那么改变的动力来自哪里？

练习建议：

我们将问题分为两个方面：一是接纳、自我批评的影响；二是改变的动力。

先说接纳、自我批评的影响。

在传统文化中，当我们犯了错误，或者做了让自己后悔的事情，比如吃太多、对家人太凶、对孩子过度苛刻等，我们就会开始自责或接受他人批评，并认为这种言语羞辱或惩罚是前进的动力，是行之有效的改变策略。

但这种积极作用是有条件的：这需要自责者、被批评者能带着羞愧，去积极行动与改变。但在咨询中，以及实证研究中，我们正越来越多地发现自我批评、他人指责具有毁灭性的力量：在羞耻感引发的内耗中，来访者会陷于感受而丧失行动能力。

在一系列巧克力蛋糕实验中，我们都看到：激发自豪感会让被试表现更好，而激发羞耻感则恰好相反。实际上，面对挑战，哪怕什么都不做，其最终表现也远好于被唤醒了羞耻感。

所以，面对错误，我们需要借鉴爱迪生的视角：将灯泡发明成功前那1万多次失败当作收获而非失败！收获感会提升我们的表现水平，而失败感恰恰相反。

再说第二个问题：改变的动力。前面我们讲过了正确价值观的力量，讲到你想过什么样的生活。在心理困境中，这才是真正能引发积极改变的力量。

结语

在本书的最后,借用著名的意义疗法创始人维克多·弗兰克尔的一句话送给每一位读者:

你的一切都可以被夺走,但除了这一样东西——在任何特定的环境下,选择自己的生活态度的自由。它永远由你自己掌控。

我们永远无法自由选择自己过去的经历,无法选择原生家庭的养育环境和成长体验,无法选择生活将会遭遇何种挑战,但有一件事我们永远拥有主动权:面对挑战,去选择我们的视角、选择我们的思维以及行为处理模式。

生活的掌控权,一直在我们手中!